暨南大学研究生教材建设项目资助教材

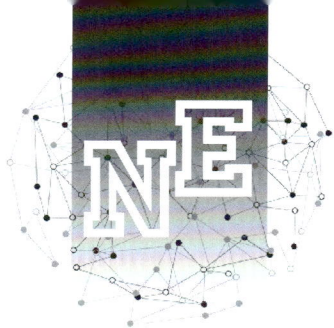

新时代高等院校新闻传播学系列教材

数字时代的质性研究方法

Qualitative Research
Methods in the
Digital Age

刘亭亭　著

暨南大学出版社
JINAN UNIVERSITY PRESS

中国·广州

图书在版编目（CIP）数据

数字时代的质性研究方法 / 刘亭亭著. -- 广州 ：
暨南大学出版社，2025. 1. --（新时代高等院校新闻传
播学系列教材）. -- ISBN 978-7-5668-4045-5

Ⅰ. B841

中国国家版本馆 CIP 数据核字第 2024N4X224 号

数字时代的质性研究方法
SHUZI SHIDAI DE ZHIXING YANJIU FANGFA

著　者：刘亭亭

出 版 人：阳　翼
责任编辑：刘　蓓　陈俞潼　潘舒凡
责任校对：许碧雅
责任印制：周一丹　郑玉婷

出版发行：暨南大学出版社（511434）
电　　话：总编室（8620）31105261
　　　　　营销部（8620）37331682　37331689
传　　真：（8620）31105289（办公室）　37331684（营销部）
网　　址：http：//www. jnupress. com
排　　版：广州市新晨文化发展有限公司
印　　刷：广东广州日报传媒股份有限公司印务分公司
开　　本：787mm×1092mm　1/16
印　　张：14
字　　数：275 千
版　　次：2025 年 1 月第 1 版
印　　次：2025 年 1 月第 1 次
定　　价：58. 00 元

（暨大版图书如有印装质量问题，请与出版社总编室联系调换）

序　言

2012 年 8 月，我在贵州省锦屏县隆里村的一个潮湿闷热的网吧中遇到了一个 20 岁的青年 A。A 初中毕业就没有念书了，当时没有工作，也不准备到外地找工作。A 告诉我，他之所以没有工作打算，是因为在外打工的父母积攒了一些钱。A 是当时村里典型的留守"农民工二代"，他的父母从隆里前往温州务工，并在温州生下了 A。当 A 回到隆里后，无事可做、对未来没有目标的他每天都会到网吧打游戏，与其他留守少年们一同消磨时间。他们彼此熟识，大部分时间都在网吧中组队玩射击类游戏，一边玩一边高声议论游戏的内容，不时说脏话、吸烟，有时候登录 QQ 聊天或看视频节目。

这段与隆里网吧少年们相遇的经历源自我在硕士阶段做的一个人类学田野调查项目。我向来认为"民族志"这种人类学研究方法是我所知的社会研究方法里最天真烂漫、最具有诗情画意的一种。于是，抱着这种对于"民族志"的向往之情，在 2012 年 7 月 24 日至 8 月 11 日，我与项目组中其他 19 位素未谋面的伙伴们奔赴隆里——这个本不该与我的生命发生联系的地方，展开了我对乡村互联网的田野调查。尽管互联网在隆里挺普及的，但它并非浮在表面，不容易被发现。因此，在试图走进田野的过程中，我曾因为"找不到隆里网吧"和"找到网吧后因兴奋而忘记了田野调查伦理被老板轰出去"而陷入"自己不适合搞社会研究"的一蹶不振中。

在我因无法开展研究而失落时，三个正在钓鱼的小男孩竟主动提出要带我去村民口中那家神秘的"网吧"。这家网吧是无证经营的"黑网吧"，面积有五六平方米，共有 14 台供客户上网的老旧电脑。网吧的顾客大部分是未成年的瘦小男生，管理网吧的也是一个未成年男孩。为了躲开政府的查封，这家网吧隐藏在一家杂货店的内堂，必须走过一条堆满废品的走廊，再走上天井里的楼梯才能到达。研究者进入田野总需要一些天时地利人和的条件，如果没有向小男孩"询问网吧"的偶然行为，我这个外乡人是很难发现这家网吧的。换言之，这些小男孩成了我进入田野的"引路人"，与他们在偶然中建立的关系，便是我进入田野、开展质性研究的关键。从隆里回到广州后，我将这次田野调查所搜集到的质性材料写进了硕士论文。尽管在答辩时，我的论文被痛批成"不像写论文，像写故事"，但这次"真枪实弹"的实地研究，为我继续在质性研究的学术道路上摸爬滚打储备了一笔了不起的财富。

在我的学术生涯中，质性研究占据着一个非常重要的位置。质性研究是一个跨学科的研究领域，无论是在人文学科、社会科学还是在自然科学领域都存在着质性研究。① 那么，质性研究究竟是什么呢？质性研究的研究取向是什么？质性研究与量化研究有什么区别？质性研究有什么特定的理论与方法？实际上，学界对于质性研究的定义是十分模糊的，由于其跨学科的性质，质性研究对于不同学科、不同领域的研究者来说有着不同的含义。② 诺曼·肯特·邓津（Norman Kent Denzin）等人认为，质性研究并没有一套完全属于自己的理论与研究方法。相反，质性研究是一种采用多种方法而展开的研究，其强调研究者们在自然情景中采用观察、访谈、拍摄等方法对各种材料（田野点环境、人们的生命故事等）进行系统性的收集，并试图对自然情景中人们的生活进行理论性诠释与批判。在具体的研究范式上，质性研究者们不仅会使用民族志、符号学分析、话语分析、档案分析、文本分析、精神分析等方法，而且会广泛地借鉴结构主义、功能主义、民俗学、性别研究、文化研究、地理学等领域的理论与方法。③ 帕特里克·阿斯帕斯（Patrik Aspers）等人认为，质性研究具有区分性（distinctions）、过程性（process）、接近性（closeness），以及能帮助人们增进对现象的理解（improved understanding）这几个主要的特点。④ 具体而言，质性研究主张将社会中的人们看作具有不同特征、不同生命历程的"具体的人"，其强调研究者要在一定的时间段中直接或间接地进入田野，与被研究者、被研究现象建立关系，从而对自然情景中各种习以为常的、吊诡的现象进行诠释。

概言之，尽管学界对于质性研究尚未有较为明确的定义，但综合学者们的有关论述来看，质性研究是指研究者们在尽可能自然的环境下，采用一系列质性研究方法对社会现象进行深入和长期的研究，从而对事物获得一个较为细致、动态、全面的认识。与 20 世纪初相比，学界对于质性研究在概念、术语、理论和方法方面进行了广泛的讨论，且都有了很大的飞跃，而质性研究方法也在各研究领域（尤其是社会科学领域）得到了广泛的运用⑤，并在社会发展的进程中不断地与不同的研究取向、研究方法进行对话。

于我而言，质性研究是一种既有趣又接轨时代的研究方法。一方面，质性研究更加注重对人类行为、态度和文化的深入了解，要求将"自己"作为一种方法，深入研究情景，在各种偶然性中与千奇百怪的人、物、故事建立联系，并时常对自己使用的方法、与被研究者的关系、日常生活的各种现象进行深刻的反省。因而，质性研究也是一种艺术，其永远充满着偶然性、动态性、创造性，且因人而异。另一

---

① NELSON C, TREICHLER P A, GROSSBERG L. Cultural studies: an introduction [J]. Cultural studies, 1992, 1 (5): 1-19.

② ASPERS P, CORTE U. What is qualitative in qualitative research [J]. Qualitative sociology, 2019, 42 (2): 139-160.

③ DENZIN N K, LINCOLN Y S. The Sage handbook of qualitative research [M]. Thousand Oaks, CA: Sage, 2011.

④ ASPERS P, CORTE U. What is qualitative in qualitative research [J]. Qualitative sociology, 2019, 42 (2): 139-160.

⑤ 陈向明. 社会科学中的定性研究方法 [J]. 中国社会科学, 1996 (6): 93-102.

方面，在数字化的时代背景下，人们的生活方式、价值观和文化习惯正在发生快速的变化，而社会中的结构性变化也使质性研究逐渐变得更为多元、包容和开放。质性研究不断地对研究议题、研究方法、呈现形式进行具有数字化特性的革新，从而为人们提供对社会生活的种种变化的系统、深入、动态理解。譬如，许多质性研究的研究者们开始关注直播、游戏、手机约会、宠物文化、虚拟偶像等数字时代的新现象，开始使用虚拟民族志、线上半结构访谈等方式开展质性研究，并使用非虚构小说、纪录片、声音装置等各种可视化、可听化的形式呈现研究结果。

　　质性研究及其研究方法在数字化时代的对话与发展，使我萌生了一个撰写符合这一时代特点的关于质性研究方法的教科书的念头。在我看来，现有的关于质性研究方法的书籍虽然对传统的质性研究方法的理论、工具和实践进行了系统的梳理与总结，但其涵盖的内容大多是与传统质性研究相关的理论和实践，并未充分考虑到数字时代背景下，政治、经济、文化等结构性力量的变革为人们社会生活带来的新现象、新需求，以及为质性研究带来的新趋势。因而，在《数字时代的质性研究方法》这本书中，我想要将各种以往没有呈现在质性研究方法教科书中的田野历程，以及数字时代中有代表性的质性研究案例一一分享出来，使有志进行质性研究的读者更好地理解质性研究的本体论与方法论，并将这些概念与方法运用到对数字时代中各式各样现象的阐释与批判中。在这些具体的案例中，读者或许能够明白应该如何开启一项质性研究，如何使用访谈、参与式观察等方式收集质性材料，在研究时应该注意什么样的伦理，以及如何使用相关的理论和工具对质性材料进行分析；与此同时，我想要进一步分享与探讨数字时代背景下，质性研究者们应该如何选择田野以及如何被田野选择与接纳。在我这些年的质性研究探索历程中，我曾因无法进入田野而感到沮丧，也曾因无法与"引路人"建立关系而失落，还曾被在田野中日复一日、平凡无奇的等待所带来的无聊淹没，甚至遇到研究构想被完全推翻的情况。这些难以被复制、被标准化，无法实现预测、无法写进研究报告中的历程，正是众多质性研究者认为质性研究方法最为迷人的理由。

　　需要指出的是，在本书中，我主要介绍的是适用于当代文化人类学的质性研究方法。这也与我的学术起点和研究经历有关。一般而言，文化人类学家和社会学家的学术起点往往有三：第一，波兰人类学家马林诺夫斯基（Bronislaw Kasper Malinowski）对近代人类学影响深远。他关注原始文化（primitive culture），是第一位亲自在当地进行长期的民族志研究，并以客观的民族志材料取代过往充满研究者主观论述的人类学家。第二，在中国，费孝通的研究也启迪了大批社会学和人类学研究者。他关注中国的传统文化，提出了"差序格局"这一理解中国传统社会结构的关键概念。[①] 其认为，中国社会中的关系是一种以"己"为中心的动态关系，其强调

---

① 费孝通. 乡土中国 [M]. 北京：人民出版社，2008.

血缘、地缘、等级的重要性，并认为个体相互间的关系角色形塑了社会秩序的基本准则。第三，亦有不少文化人类学和社会学的研究者受到了以福柯（Michel Foucault）等学者为代表的后结构主义的启发，他们认为社会的实践是被建构的，揭示了话语的生产与权力之间的关系。

于我而言，我的学术起点和研究取向与他们有所不同。在我大多数的研究中，我更多的是从劳动社会学、媒体人类学、性别研究等角度出发，关注在现代高度工业化、高度城市化、高度城乡区隔的背景下，数字化社会中具有各种背景的人群如何面对极速降临在社会中的种种变化，他们的公私观念、亲密关系实践如何在现代工业社会的直接或间接影响下发生转变，从而对社会提出一种更为动态、开放的解释。而这些内容，也将在本书中一一呈现。我期望的是，通过此书提供的理论资源与实践例证，能帮助读者打开对质性研究的想象，开始倾听和理解不同的声音、观点、需求，并探索在特定的社会、政治、经济背景下，不同地方、阶级、性别、种族的人如何生活和理解他们周围的世界。

本书分为六章：第一章介绍了质性访谈法的基本概念和使用情境，以及质性研究的研究流程和抽样方法；第二章讨论了质性研究的理论基础、质性研究方法的类型和非虚构写作的当代发展；第三章深入探讨了质性访谈法的种类、访谈前的准备和访谈中的伦理问题；第四章关注质性研究方法的具体实践，介绍了质性研究者该如何进入田野，如何开展合格的访谈；第五章主要介绍了扎根理论的渊源、类型和研究工具，以及整理质性资料并撰写报告的方法；第六章综合了前五章讲述的内容和方法，并试图引导学习质性研究课程的学生和相关研究者撰写质性研究论文。

最后，我想对我的导师、合作者、受访者、朋友、学生表示感谢。在这一路上，我一直在和他们对话，一起探索、学习，并将继续在田野中走下去。

刘亭亭

2024 年 5 月

目 录
CONTENTS

第一章

质性访谈法

自 1994 年正式接入国际互联网以来，中国已经经历了 30 年的数字化发展。互联网、计算机、智能手机等信息传播技术（ICTs）已成为基础性社会生产工具。党的十八大以来，党中央高度重视发展数字经济，将其上升为国家战略，互联网进一步与经济社会生活的各个方面深度融合。

在数字时代的大背景下，数字化深刻地改变各社会阶层的生产生活，为人类学提供了新的研究方向。一方面，数字信息成为重要的生产要素，数字网络连接起多个社会主体，降低了信息流通成本，孕育出一批新兴产业和新型职位，成为经济增长的新引擎；另一方面，因各地区、各阶层的经济发展水平不同，数字化不仅没有抚平差距，反而加剧形成了数字鸿沟。在这样的背景下，数字民族志（digital ethnography）、网络人类学（Internet anthropology）、算法文化研究（algorithmic culture study）等领域逐渐兴起。在本章的案例中，我们将看到数字时代如何影响人们的社交关系和自我认知。

同时，新兴网络技术、网络平台也为质性研究提供了新的工具。数字技术打破了地理界限，使人类学研究者更容易接触到大量潜在访谈对象，在线访谈使研究者与访谈对象之间的交流更加便利。但是，数字时代也为质性研究带来了新的挑战。网络热门议题的快速传播和演变要求人类学研究者快速响应，提供及时的分析和见解。研究者还应注意到在线访谈与面对面访谈的差异、在线联系受访者造成的取样偏差等问题，并且在社交媒体高度发达的当下更加注重保护受访者隐私。

为把握数字时代的机遇，应对数字时代的挑战，人类学研究者应当具备扎实的学术基础。本章将从理论层面介绍访谈法和质性研究方法，为日后的学习和实践打下基础。

第一节　什么是访谈

一、访谈法示例

质性研究方法是整个人类学中非常重要的研究方法，并愈发受到整个学术界的重视。质性研究及其内部的各种研究取向是整个社会科学领域内部不可或缺的一部分①，并处于持续的发展与对话中②，这一点我们从每年的定性研究年度会议（The Annual Congress for Qualitative Inquiry）收到的超过 55 个国家与 40 个学科的投稿中可窥一斑。③ 基于解释主义的范式，质性研究得以帮助我们走近他人的生活、我们的研究，以及我们自己。④ 在讨论质性研究方法之前，我会先用一些案例，跟大家讲讲访谈法，比如访谈法究竟有什么样的特点，以及它在什么样的研究当中能够发挥优势。此外，我还会介绍访谈法的研究流程，以及质性研究方法应该如何取样。

学习这门课的学生（学习质性研究的读者）大部分有做访谈的经验。那么，访谈法是一种什么样的研究方法？

有的读者会说，不知道访谈法是什么样子的；还有的读者说，看过别人用访谈法发的 SCI 论文，想知道是怎么做的。我们总要先看到别人怎么做，才知道自己要怎么做。所以，为了回答这个问题，我对六名受过正统学术训练的学术伙伴进行了简单的访谈。我希望读者通过阅读这些记录，不仅知道访谈法是什么，更重要的是，知道通过访谈可以得到哪些不一样的信息。

【访谈 1】

访谈对象：A，国内某大学公共管理学"青椒"（青年教师），研究工作中 90% 是量化研究、10% 是质性研究。

亭亭：我有一门研究方法课程，我想问问你用访谈法的感受。

A：这个问题有点大，你要跟我语音聊吗？

（点评：这是一个绝佳的访谈对象，他很有意愿跟我沟通，而且他觉得打字已经不足以表达他的很多想法，希望直接语音沟通。如果我们在研究过程中能遇到这样的研究对象，是非常幸运的一件事。）

亭亭：不用展开太多，我只是要做一页 PPT，需要问问我的合作者们怎么看待访谈法。我还想问一个问题，就是在访谈过程当中，访谈法有没

---

① CLARKE A E，FRIESE C，WASHBURN R. Introducing situational analysis［M］//Situational analysis in practice：mapping research with grounded theory［M］. Walnut Creek，CA：Left Coast Press，2015：11－75.

② DIMITRIADIS G. Reading qualitative inquiry through critical pedagogy：some reflections［J］. International review of qualitative research，2016，9（2）：140－146.

③ TRACY S J. Qualitative research methods：collecting evidence，crafting analysis，communicating impact［M］. Malden，MA：Wiley-Blackwell，2013：6.

④ GLESNE C. Becoming qualitative researchers：an introduction［M］. Upper Saddle River，NJ：Pearson，2016：285.

有给过你惊喜？

（点评：如果访谈对象想把访谈做得过大，或者是他想讨论的内容范畴太大，那么我们可以通过一些聊天的技巧，把他拉回到我们想要的范畴里面，比如告知"我只是要做一页PPT"。）

A：访谈对我来说最大的魅力是我可以去了解这个人，他（或她）有自己的想法、有血有肉、有故事，不是那种绝对的、刻板的、被设定的样子。哪怕他戴着面具，或者因为职业、身份限制而跟我说一些官方的话，这对我来说也是他自己的一部分。我还是能从中窥见"他在冠冕堂皇地说一些不真实的想法""他的职业或身份给了他一些限制""他还不太信任我"，等等，这些对我来说都是有趣的。

访谈的惊喜有很多，最兴奋的时候是被访者聊到两类话题时：一类是与研究问题密切相关的关键问题，他们的话使得我研究的深度和清晰度有了质的飞跃，甚至对于文章写作的结构和推进都起到了重要作用；另一类是一些完全出乎意料的、与自己设想不一样的回答，这些回答往往不是推翻假设或研究问题的（如果是那样就麻烦了），而是对这些问题给出了全新的解释，更新了我的认知，这会让我感到很兴奋。

［点评：A的研究领域是公共行政管理，其访谈对象可能会因为自己的职业或身份而说一些官方的话，甚至抵触访谈，这在政治相关的研究中是很常见的。[1] 但深度的访谈可以让他们抛开身份，说出真实的想法，而不仅仅是讲述一些"官方的故事"（official story）。[2] 所以，访谈法能为我们呈现立体的访谈对象，并且让我们意识到，我们原来的认识可能不足以框住想要研究的问题。］

A：还有一种惊喜，是我的被访者变成了我特别好的朋友。我们三观契合，后来会发展成可以一起吃饭、看剧、聊天、聚会的那种好朋友。

（点评：与做实验或发问卷不同，访谈法不仅仅是一种研究方法，它还意味着我们研究者的生活界限被打开。在质性研究中我们会发现，中产阶层的学者能够理解街头的亚文化群体，信仰共产主义的学者也可以考察伊斯兰

---

① ADLER P A, ADLER P. The reluctant respondent ［M］//GUBRIUM J F, HOLSTEIN J A. Handbook of interview research: context and method. Thousand Oaks, CA: Sage, 2001: 515 - 535.

② ROER-STRIER D, SANDS R G. Moving beyond the "official story": when "others" meet in a qualitative interview ［J］. Qualitative research, 2015, 15（2）: 251 - 268.

教的世界①，它让我们的生命经验与受访者之间发生比较深层次的连接。)

【访谈2】

访谈对象：B，东部某高校传播学"青椒"，研究工作中99%是质性研究。

亭亭：作为一个研究者，访谈对你来说是一种什么样的研究方法？我上研究方法课程要讲这个话题，可以讲讲你自己的个人体验吗？

(点评：我在第一个访谈当中问的问题有点太宽泛了，对方觉得要回答的东西太多了，所以这次我把问题修改了一下。)

B：我觉得这个方法最大的魅力就是它的开放性和探索性，它可以给研究者带来意想不到的发现。通过访谈可以更深切地认识到人的复杂性，这是用模型和变量很难体现的。

(点评：B在这里将访谈法和其他研究方法进行了比较。在B看来，人的复杂性是模型和变量很难体现的，而访谈法能带给我们一些和科班式的学术研究不一样的东西。)

亭亭：谢谢!

B：你会怎么回答这个问题啊？

亭亭：我都没想过。

(点评：这是一个特别好的交流。一个好的访谈往往是双向的沟通，就是对方也会问我"你会怎么回答这个问题"。我们在第三章、第四章还会就"一个好的访谈是什么样子"的话题继续进行讨论。)

亭亭：我对人际关系中异类的故事特别感兴趣，在做学术工作之前做过DJ，很爱跟人聊天。文学作品中我也特别喜欢故事性很强的，后来发现这是谋生的重要技能。

B：你的生活太丰富了！另外，好多学生觉得访谈简单，其他方法不会用，就来问我怎么做访谈。

(点评：这确实是我们在教学生活当中经常碰见的一个现实场景。当我们发现学生做不了模型研究，也做不了变量控制研究，那就试试访谈法吧。)

---

① RUBIN H J, RUBIN I. Qualitative interviewing: the art of hearing data [M]. 3rd ed. Thousand Oaks, CA: Sage, 2013: 3.

【访谈3】

访谈对象：C，香港某高校社会学博士，现任职于某教辅机构，研究工作中90%是质性研究。

亭亭：作为一个研究者，访谈对你来说是怎样的一种研究方法？我上研究方法课程要讲这个话题，可以讲讲你自己的个人体验吗？

C：短暂地和人建立联系，看到对方眼里的世界。

（点评：这也是非常重要的一点，我们在接下来的章节中还会重点介绍。在质性研究看来，这个世界的诠释是基于对方眼里的世界，而不是基于研究者的先验认识，比如我的先验认识。[①]）

亭亭（追问）：你还记不记得访谈中令你难忘的惊喜？

C：经常有受访者送吃的给我。我去一个老奶奶家访谈，告别的时候，那个老奶奶给我做了饭吃。我那时刚好被前任甩了，老奶奶看我很失落，就安慰我说："人好不容易走到一起，也总是会分开的。"我得到了安慰，虽然老奶奶可能以为我是舍不得离开田野。

亭亭：这个太经典了！

（点评：C当时在我国西南地区的农村做一项关于穆斯林女性的田野研究，在跟访谈对象告别的时候，老奶奶给他做了一顿饭吃。他当时失恋了，觉得很失落，而老奶奶以为他舍不得离开田野，一直安慰他。这是一个特别经典的例子。我们离开田野的时候，会带着一些没有写进论文中的宝贵回忆，这些回忆将来会帮助我们再一次亲临现场。之后我们会讨论如何在研究之后再次恢复对田野的记忆，这时候我们会很依赖这类个人化的小故事。通过这些小故事可以看到，我们田野研究者与被研究者之间的距离是很近的，因为对方会进入我们的生命当中，与我们紧密联系在一起。对于在地的田野研究，研究者会深入被研究者的生活场景，与被研究者进行非常紧密的连接。）

【访谈4】

访谈对象：D，发展人类学博士，丹麦任博士后，研究工作全部是质

---

① SCHWANDT T. The sage dictionary of qualitative inquiry [M]. 3rd ed. Thousand Oaks，CA：Sage，2007：158.

性研究。（发展人类学是人类学的一个分支，关注全球化、治理技术、飞速的经济变化与资本主义①，在欧洲各国都比较热门。这个研究领域里面只有质性研究，并且对量化研究有非常强的批判色彩。实际上，发展人类学整个学科的基础就是对量化研究，或者说实证主义的认识论和方法论的批判，基于此来认识"发展"往往会导致对"发展"背后的社会文化变迁和少数群体境遇的忽视。②）

亭亭：作为一个研究者，访谈对你来说是一种什么样的研究方法？我上研究方法课程要讲这个话题，讲讲你自己的个人体验吧？

D：对我来说就是谋生技能吧？因为我不会用也不喜欢用别的研究方法。

［点评：这里提到了一个词——"喜欢"，这个词相当重要。因为质性研究不是我们在所有的研究工具里面的一个选项那么简单，这种选择是基于一种偏好。我们想要的研究是什么样子的？是想要了解访谈对象眼里的世界，了解他们诠释出来的经验，还是想要进行很科学、很规范、有明确步骤的研究？我们想要选择的研究方法，与我们的偏好乃至三观有同样重要的关联，这就是学术研究的自反性（self-reflexivity）。有人认为这是学术研究不应该有的"累赘"，也有人认为这正是研究者的智慧，而质性研究往往采取后者的态度，选择拥抱自身对世界已有的经验。③］

亭亭：为什么不喜欢用别的方法呢？

D：我之前受到的训练是做问卷调查、扎根理论和编程。这些方法非常机械，要求你排除一切现实的问题去产出论文。我感觉这些方法没有教会人如何面对现实、怎么跟现实打交道，而是在教人如何"制造合乎假设的现实"。

（点评：看起来 D 已经对研究方法有比较深的认知了，而且他已经把非常讲究步骤和科学性的研究方法排除在选择范畴之外，这是另一种对访谈法的认可。）

亭亭：我最近使用了实验法，发现演绎推理（deductive thinking）也有

① GARDNER K, LEWIS D. Anthropology and development：challenges for the twenty-first century［M］. London：Pluto Press，2015：7，79.
② GARDNER K, LEWIS D. Anthropology and development：challenges for the twenty-first century［M］. London：Pluto Press，2015：7，79.
③ TRACY S J. Qualitative research methods：collecting evidence，crafting analysis，communicating impact［M］. Malden，MA：Wiley-Blackwell，2013：6.

它的奥妙。

（点评：质性研究会不会被量化批判为不客观、不科学？会。在20世纪80年代的美国，量化研究和质性研究之间关于研究范式和研究方法论的争吵甚至演变成了一场"学术战争"，并蔓延到了其他西方国家，以及日本、印度和韩国等地。[①] 但质性研究也会认为，量化研究所谓的客观和科学其实是被建构起来的概念，它将复杂的社会现象简单地表现为数字，也忽略了社会个体的心理状态和意义建构。[②] 这种争论已经在学术界持续了半个世纪。当然，也有不少学者认为，两种研究范式并非水火不容，在采取"后实证主义"研究取向的学者那里，认识论上的冲突更多属于哲学家关心的范畴，而研究者则应考虑如何使方法更好地服务于研究目的。事实上，不少当代社会学研究成果也的确出于两种研究方法的综合运用。[③]）

【访谈5】

访谈对象：E，心理学博士，研究工作中70%是量化研究、30%是质性研究。（心理学与发展人类学完全不一样，它的主流研究方法是量化研究，逻辑实证主义是其主流认识论基础[④]，偶尔会做一些质性研究。）

亭亭：作为一个研究者，访谈对你来说是一种什么样的研究方法？我上研究方法课程要讲这个话题，讲讲你自己的个人体验吧？

E：我感觉访谈就是一个比较全面的信息收集的渠道。我通常做的是半结构式访谈。根据受访者对我预设问题的回答，我可能会做一些追问，然后也会问他们还有什么想说的。相比问卷，访谈呈现的信息肯定是更丰富和立体的。有时候受访者会给我一些出乎我原先预设的回答，让我感到十分惊喜。

（点评：这里有一个非常好的访谈技巧，就是在访谈过程中或者访谈结束后，我们可以再问一下访谈对象，你觉得我们还有没有没有问到的问

———————

① GAGE N L. The paradigm wars and their aftermath：a "historical" sketch of research on teaching since 1989 [J]. Educational researcher, 1989, 18 (7)：4 – 10；DENZIN N K, LINCOLN Y S. The Sage handbook of qualitative research [M]. 5th ed. Thousand Oaks, CA：Sage, 2017：34.

② 陈向明. 定性研究方法评介 [J]. 教育研究与实验, 1996 (3)：62 – 68.

③ 沃野. 关于社会科学定量、定性研究的三个相关问题 [J]. 学术研究, 2005 (4)：41 – 47.

④ 方文. 社会心理学的演化：一种学科制度视角 [J]. 中国社会科学, 2001 (6)：126 – 136, 207.

题、还有没有想要补充的部分。)

E：我觉得访谈是考验技巧的，也考验一个人的自我觉察——是否对访谈中的语言、情绪、关系保持敏感。有时候对方是熟人，会更相信你，更愿意说一些事；但有的时候，在某些内容上，对方可能不愿意多说或有所掩饰。

（点评：访谈做得好不好，重点不在于它的科学性和步骤，而在于我们自己的秉性，也就是说我们自己是不是一个能让对方愿意好好交谈的人，对方愿不愿意跟我们展开来说。[①] 这个话题我们之后还会讲到。)

E：比如有一次我在访谈女性生育的体验，我问完问题之后询问对方，你觉得有什么地方我没问到。对方主动提出，她觉得我没有问到生育是如何影响了她和伴侣的关系，特别是性生活的部分。我当时真没想到能在第一次访谈里就谈到这个话题。

（点评：这里我想给大家介绍一本书，叫《我在现场：性社会学田野调查笔记》[②]，是学者黄盈盈对于"红灯区"的访谈。作为学者，特别是在经历了漫长的求学过程之后，我们的生活其实是非常局限的，并且是相对保守的。我们有时候会觉得对方可能不好意思讨论某个话题，这实际上是我们自己的投射，打不开话匣子的其实是我们。在后面讲到访谈技巧的时候，我们会重点讨论这个话题，比如究竟如何去探索边界，以及我们如何把自己的边界全部拆掉，变成一个通达的人，从而打开话匣子，跟对方畅聊。)

【访谈6】

访谈对象：F，国内某大学传播学"青椒"，研究工作中量化研究和质性研究各占50%。

亭亭：作为一个研究者，访谈对你来说是一种什么样的研究方法？我上研究方法课程要讲这个话题，讲讲你自己的个人体验吧？

F：访谈其实比量化研究还要快速和有效。因为对于量化研究来说，首先要确定理论框架和变量之间的关系，以及所有研究变量要怎么去定义、

---

① GUBRIUM J F. The Sage handbook of interview research：the complexity of the craft ［M］. 2nd ed. Thousand Oaks，CA：Sage，2012：281.

② 黄盈盈，等. 我在现场：性社会学田野调查笔记 ［M］. 太原：山西人民出版社，2017.

怎么去测量，这些变量之间的关系是什么，再设计问卷。所以，量化研究前期的准备过程其实是非常漫长而无趣的，需要不断地读文献并进行理论思考。相比之下，访谈是一种定性的方法。访谈数据从田野中来，所以你可以先带着问题进入田野并开始访谈，再去回应理论。这就是定量研究和定性研究方法论上的不同。所以我觉得，访谈应该是最有效、最快速接触数据，并且让数据反馈理论的方法。

（点评：传播学与心理学、发展学、人类学这些学科不同，它对研究方法没有特别强的偏好，只要有用都可以。对于传播学来说，量化和质性研究大部分时候是二分江山。相对来说，定量研究更受到国外传播学的重视，在1980—1999年，国际上十种主要新闻传播学期刊中的定量研究占比接近70%。[①] 而中国新闻传播学研究方法则更偏向定性研究。[②]）

F：我的很多访谈都让我很惊喜，因为我研究的主题都是自己喜欢的，比如城市行走、时尚博主，这是我个人做研究的特征，这个不能说好或者坏。当访谈对象答应接受我的访谈时，我是很高兴的，但是那个时候毕竟还没有见到访谈对象本人。所以对我来说，做访谈甚至有点像粉丝见到偶像的感觉，意味着我能够和一个长时间以来感兴趣的人面对面坐着，非常坦诚地谈论私密的话题，这件事本身就让我十分惊喜。

（点评：我们会选择自己感兴趣的人去进行研究，我们对人的兴趣可能多于对研究题目的兴趣。）

通过前面的案例，我们可以总结出访谈法的几个特点：

（1）访谈法不是一种"高大上"的研究方法，也不是一种能快速高效产出论文的方法。我只做了六个访谈，每个人只有两个问题，就已经产出了这么多的文字，而这些文字距离一篇论文还很远。

（2）对待访谈法的态度和使用程度与学科背景高度相关，也与访谈者的秉性高度相关，需要掌握大量的访谈技巧和感知人际关系的能力。事实上，没有哪种人格是不适合做访谈的，但是不同的人做访谈的难度不一样，也会在事前准备、节奏把

---

① KAMHAWI R，WEAVER D. Mass communication research trends from 1980 to 1999 [J]. Journalism & Mass communication quarterly，1999，80（1）：7–27.

② 董天策，昌道励. 中美新闻传播学研究方法比较：以2000—2009年《新闻与传播研究》和《Journal of Communication》为例 [J]. 西南民族大学学报（人文社科版），2010（7）：126–129.

据其至访谈报告呈现中体现出不同的风格①，这个话题我们会在后面的章节中展开。

（3）访谈法有其作为"谋生手段"的一面，但更重要的是，它是一种看待世界的特殊意识形态（或者说三观）。当我们选择访谈法以后，我们也需要遵守表征其意识形态的研究准则。② 这一点我们在下一章会展开讨论，这之前我们需要先了解三个概念，即本体论、认识论和方法论。

二、访谈法概念介绍

前面展示了这么多项访谈，那么访谈究竟是什么？我们又为什么要做访谈？

访谈是一种面对面的口头信息交流，采访者试图在访谈中从一位或多位受访者那里获得信息，或者他们对某种观点或信念的阐释③，也就是一种为了特殊的目的而进行的谈话。④ 采访者与受访者之间主要着重于受访者个人的感受，以及生活和经验的陈述；借由彼此的对话，采访者得以了解及解释受访者个人对社会的真实认知。

访谈是两个人或更多人之间的口头信息交流，但它不是双向的，主要目的是一方从另一方那里收集信息。⑤ 访谈中的问题可以是事前确定的，且在访谈过程中不作更改，这就是结构式访谈（structured interviews）；也可以根据访谈过程而添加、更改或删减，这就是半结构式访谈（focused or semi-structured interviews）；相应地，完全根据访谈中的对话和互动现场提出问题的访谈被称为非结构式访谈（unstructured interviews）。在质性研究中，我们常使用半结构式访谈。⑥

访谈的过程是意义的生产过程，也是对现实的解释。这种解释实践的效果，就是获得一种既非预设也非绝对独特的知识。⑦

---

① RUBIN H J，RUBIN I. Qualitative interviewing：the art of hearing data［M］. 3rd ed. Thousand Oaks，CA：Sage，2013：35.

② RUBIN H J，RUBIN I. Qualitative interviewing：the art of hearing data［M］. 3rd ed. Thousand Oaks，CA：Sage，2013：15.

③ MACCOBY E E，MACCONY N. The interview：a tool of social science［M］//LINDZEY G. Handbook of social psychology. Cambridge，MA：Addison-Wesley，1954：449 – 487.

④ BURGESS R. Conversations with a purpose：the ethnographic interview in educational research［J］. Studies in qualitative methodology，1988，1（1）：137 – 155.

⑤ POLE C J，LAMPARD R. Practical social investigation：qualitative and quantitative methods in social research［M］. Harlow：Pearson Education，2002.

⑥ GLESNE C. Becoming qualitative researchers：an introduction［M］. Upper Saddle River，NJ：Pearson，2016：285.

⑦ GUBRIUM J，HOLSTEIN J A. Active interviewing［M］//SILVERMAN D. Qualitative research：theory，method and practice. 2nd ed. London：Sage，1997.

总而言之，访谈是一种有目的的谈话，其目的就是产生意义，让采访者了解受访者如何看待世界。通过访谈，我们可以掌控数据收集、分析的过程，了解受访者的背景，呈现更完整、更丰富的数据，并且帮助受访者理解问题的含义，进一步探寻信息。

三、访谈法研究赏析

下面我们来分析几个使用访谈法进行的研究。通过阅读推荐的论文，可以建立对这门课程的总体认知，从而引导大家有更多的兴趣去做访谈、去了解别人，去阅读更多的资料，做出更多的质性研究尝试。

有同学问："访谈法可以认为是先有态度再去寻找证据吗？"其实在从事质性研究的人眼里，所有的研究都是这样，将我们的主观态度排除在研究设计之外既非必要，也不太可能实现[1]，包括量化研究也是一样。当研究者想要做这个研究议题的时候，客观也是一种态度。我们会在之后的章节讨论这个问题，并讨论面对同一个主题，量化研究和质性研究在提问和写作方面有什么差别。

本节，我们先来讨论一个问题：就同一个主题，不一样的研究会有什么样的特点？下面我们就以三个主题为例进行对比。

（一）饮酒行为

饮酒作为一种社会行为，其背后蕴含丰富的社会意义，一直以来都是学界关注和研究的对象。

【案例 1 – 1】《一起干杯，但不孤独：同伴饮酒可经由人际压力调节酒精消费》（Cheers together, but not alone: peer drinking moderates alcohol consumption following interpersonal stress）[2]

研究问题：

人际关系和学术压力是否会促进饮酒？社交饮酒和独自饮酒行为是否对第二天的人际关系和学术压力有不同的影响？

① MAXWELL J A. Qualitative research design: an interactive approach [M]. 3rd ed. Thousand Oaks, CA: Sage, 2013: 46.

② HAMILTON H R, STEPHEN A, HOWARD T. Cheers together, but not alone: peer drinking moderates alcohol consumption following interpersonal stress [J]. Journal of social and personal relationships, 2021, 38 (5): 1433 – 1451.

研究方法：

这是一个量化研究，先提出假设并给出操作性定义，再进行测量，检验假设。研究者通过非概率抽样，选取 1 848 名 18 岁以上的美国大学本科生参加研究。研究对象每日完成日记（自我报告法），研究者对数据进行处理，分析变量之间的关系，检验假设。

研究结论：

（1）学术压力与社交饮酒没有关系。

（2）当周围的人饮酒量超过同龄人平均量时，人际压力与更多的社交饮酒相关，但是与第二天的人际压力无关。

（3）个人会感知到同伴饮酒并加入饮酒，以减少人际压力相关的归属感威胁。

【案例 1－2】《制度环境与治理需要如何塑造中国官场的酒文化：基于县域官员饮酒行为的实证研究》[①]

研究问题：

在中国官场为什么会形成独特的酒文化，而且在中央八项规定出台之后，在正式制度禁止，频繁严打，很多官员都不情愿的情况下，县城官场酒风还有生命力？

研究方法：

质性研究，采用参与式和非参与式的观察法和访谈法。对于这个研究问题，很难像【案例 1－1】那样进行大样本的量化研究。所以研究作者通过自己的人脉，观察了 57 次酒局，问参加酒局的干部：为什么在整个官场都严打酒局的情况下，大家还是不得不喝酒？

研究结论：

（1）在中国地方治理存在金字塔科层结构的信息不足、治理任务非制度化、组织激励不足三个困境，而饮酒行为发挥了构建信任、提供激励的作用。

（2）某种程度上官场酒桌文化不是破坏了制度系统，恰恰是应制度环境本身需要而产生的。饮酒能够让上级官员认识一些他们平常接触不到的下级基层人员，并且提供了一种激励：我愿意跟你喝酒，这就是我对你的激励。

---

① 强舸. 制度环境与治理需要如何塑造中国官场的酒文化：基于县域官员饮酒行为的实证研究 [J]. 社会学研究，2019（4）：170－192.

通过这两篇文章，我们可以看到同样对于饮酒这个课题，量化研究是怎么做的，质性研究又是怎么做的。质性研究能帮助我们更好地解读情境，并深入研究对象的世界，去看他们怎么解释自身看似不合理的行为，这是量化研究做不到的。质性研究还能对我们的一些先验性的认识进行反向的解读，又或者说是帮助我们对科学知识（包括它们的方法和结论）的祛魅（disenchantment of the sciences）①，因为传统的社会学研究在严格的方法论尤其是客观性的要求下得出的结论往往与现实世界存在一定的差别。

（二）健身与运动

健身与运动是近几年在心理学、社会学、传播学等领域都很热门的话题。

【案例 1-3】《工资高了，健身少了？最低工资对健身时间的影响》

（Higher wages，less gym time？the effects of minimum wages on time use）②

研究问题：

最低工资与健身时间的关联。这项研究探讨的其实是社会学轴线与健身时间。社会学轴线包括阶级、民族、国别、性别、性倾向、城乡，有时候还包括是否属于某个群体。这项研究选择将与阶级高度相关的工资作为变量，探讨美国各地的最低工资与健身时间之间的关系。

研究方法：

量化研究。这项研究探讨的是一个因果关系，使用来自美国劳工部和劳工统计局的二手数据进行建模。

研究结论：

（1）最低工资提高之后，即每个人的平均收入小幅度提高之后，人的休闲活动会减少。最低工资每增长 1 美元，每周用于健康和总体休闲活动的时间就分别减少 13 分钟和 20 分钟。

（2）在总人口中，健康活动是增加还是减少，主要由男性的行为变化驱动，女性的行为变化相对较小。

---

① BONB W，HRARTMANN H. Konstruierte gesellschaft，rationale deutung-zum wrrklichkeitscharakter soziologischer diskurse［M］//Entzauberte wissenschaft：zur realitat und geltung soziologischer forschung. Gottingen：Schwartz，1985：9-48.

② LENHART O. Higher wages，less gym time？the effects of minimum wages on time use［J］. Southern economic journal，2019，86（1）：253-270.

【案例1-4】《"运动型性感"：新自由主义数字文化下男性健身的情感矛盾》（"The Spornosexual"：the affective contradictions of male body-work in neoliberal digital culture）[①]

研究问题：

为什么英国肌肉"型男"会在社交媒体平台分享照片，展示自己认为性感的肌肉？

研究方法：

半结构化的深度访谈，在访谈之后转入编码，进行主题分析。

研究结论：

英国年轻男性在社交媒体平台分享他们锻炼身体的照片这种流行文化的实践，是一种具身的（embodied）和中介化［mediated，又叫媒介化（最近学界在区分这两个概念）］的反应，是对新自由主义紧缩政策所产生的不稳定的情感结构的反应。

这项研究发现，在当时的英国社会，整体财政政策趋于紧缩，削弱了年轻男性传统的养家糊口能力，因此这一群体转向分享他们锻炼身体后的照片，从中感受自己的价值。这种行为当中存在着紧缩文化的不稳定空间中的情感矛盾，因为他们持续想要抵抗新自由主义的经济政策。但新自由主义所提倡的竞争感，以及跟不存在的假想敌之间比拼谁更性感的理念，实际上仍然在持续地侵蚀其生活空间。

对于提问为什么（why）、怎么样（how）的问题，就不适合用量化方法来解读，因为每个人的答案都是不一样的。质性研究方法才能回答这类问题。这项研究只访谈了6个人。在今天看来样本量比较小，但是研究发表于2016年，可能那时候健身的男性还没有那么多。今天我们要做同样的研究，6个样本是不够的。研究者面对的不同的文化因素（例如发表的刊物、研究者所在的国家等）会对样本数量有不同的期望。有学者通过考察既往质性研究访谈人数给出的建议是，扎根理论应该纳入20~30名受访者，个案研究则应有15~30名受访者，并且根据期望发表的刊物的历史和文化背景做出调整。[②]

① HAKIM J. "The Spornosexual"：the affective contradictions of male body-work in neoliberal digital culture [J]. Journal of gender studies, 2018, 27（2）：231-241.

② MARSHALL B, CARDON P, PODDAR A, et al. Does sample size matter in qualitative research? a review of qualitative interviews in is research [J]. Journal of computer information systems, 2013, 54（1）：11-22.

这项研究背后的理论框架是雷蒙·威廉斯（Raymond Williams）提出的情感结构（structure of feelings）①，指某个社会在同一时刻形成一种主流文化背后的一些情绪和情感。我们怎么根据研究内容选择和运用理论框架呢？是不是每个研究都要有理论框架？其实，研究是否需要一个理论框架，主要是看我们想要将论文投稿到什么样的期刊，有的期刊会更加强调理论。并且，我们不是为了应用理论而应用理论，理论的作用主要是帮助我们对研究议题产生更深刻的认识。事实上，有的时候理论还会对我们的研究产生负面影响，局限在一个理论框架中可能会使我们"目光短浅"，无法更深入地考察我们的研究对象，甚至为了验证理论而出现确认偏误（confirmation bias）②。

从【案例1-2】和【案例1-4】可以看出，质性研究能够呈现一些矛盾：尽管中国严打酒桌文化，但是官场还是无法完全杜绝它；尽管英国年轻人拒绝越来越紧缩的经济，但他们还是会通过别的方式服从于新自由主义的内核，比如自我的竞争和对身体的规训。

（三）社交媒体

数字化时代下，每个人（尤其是年轻人），对于社交媒体应该都很了解。以下案例以重庆公交坠江事件为例，基于微博用户生产的内容对突发性事件进行多维度挖掘，探讨社交媒体上此类事件的舆情走向。

【案例1-5】《紧急事件中公众意见的多维度挖掘》（Multidimensional mining of public opinion in emergency events）③

研究目的：

以重庆公交车坠江事件为例，基于微博用户生产的内容对突发性事件进行多维度挖掘，探讨此类紧急事件中的舆情。

研究问题：

（1）用户生成的内容是否反映紧急事件的进展？

---

① WILLIAMS R. Reading and criticism［M］. London：Muller，1950；WILLIAMS R. Culture and society：1780—1950［M］. London：Chatto & Windus，1958；WILLIAMS R. The long revolution［M］. London：Chatto & Windus，1961；WILLIAMS R. Modern tragedy［M］. London：Chatto & Windus，1996.

② COLLINS C S，STOCKTON C M. The central role of theory in qualitative research［J］. International journal of qualitative methods，2018，17（1）：1-10.

③ ZHOU Q，JING M. Multidimensional mining of public opinion in emergency events［J］. The electronic library，2020，38（3）：545-560.

（2）用户的特点是否影响他们在紧急状态中的事件表达？

研究方法：

（1）自动收集关于紧急事件的舆论信息，包括微博用户生成的内容和用户信息：①收集关于该事件的原始微博语料作为实验数据。②通过"爬虫"程序获得 2018 年 10 月 28 日至 11 月 8 日的 22 668 条微博。该语料库包含用户的姓名、性别、地区、粉丝数量、认证类型、微博内容和发布日期。

（2）对微博用户的意见进行挖掘，以确定舆论的极性（即积极、消极和中立）：为了自动检测用户的意见，研究使用了一种监督的机器学习方法。首先，对部分微博进行标注；其次，对标记的微博进行文本表示，包括特征选择和特征权重计算；最后，所有微博中的用户意见被确定。

（3）分析事件的动态演变和用户特征对公众意见的影响。

研究结论：

（1）用户生成的内容可以反映出紧急事件的多维信息。在突发事件中，舆论的高峰通常意味着大规模负面情绪的产生。

（2）用户的特点对他们在紧急情况下的表达有明显的影响。具体而言，在紧急情况下，公众意见主要是负面的；经济发达地区的用户在紧急情况下更愿意发表自己的意见，即经济发展水平高可以促进公众对社会发展的民主参与；男性用户比女性用户更理性；高影响力的用户有一定的社会责任感，倾向于为突发事件发出更客观的声音；不同的认证类型赋予了用户不同的社会角色，导致了不同的参与方式。

这项研究第一步需要解读海量的数据，我们很难用质性研究来进行。所以，这项研究使用了大数据挖掘方法，首先通过"爬虫"获得了 2 万多条微博，这个语料库还包含用户的姓名、性别、地区、粉丝数量、认证类型等信息。通过语料库分析，研究挖掘了用户的意见，确定舆论的极性（即积极、消极和中立）等信息，然后进行回归运算。

这项研究能给我们带来很多启示。作为普通人，我们平常只能够感受到公众事件发生之后会出现很多不同意见，但是很难归纳出它们的规律。而像这样的大数据挖掘能够清晰地展示出一些规律，所以是非常有价值的研究。

同样是研究社交媒体的使用，【案例 1-6】是我跟许德娅老师合作发表的一篇论文《强势弱关系与熟络陌生人：基于移动应用的社交研究》。我们一开始研究的平台是"陌陌"，后来"陌陌"没有那么火了，我们就把"探探"纳入研究对象。这些平台和【案例1-5】的社交媒体有着明显的差异，因为它们是主打陌生人社交和亲密关系建立的社交媒体。微博是一个公共舆论广场，而陌生人社交平台是更加私密的空间。要想了解这些平台的用户为什么使用社交媒体，以及他们在上面进行怎样的社交，就不适合使用量化研究方法。因为对于这些问题，只用"爬虫"得不到结果，大数据能告诉我们很多信息，包括用户在什么时候、在什么平台上说了什么或做了什么，但它无法告诉我们用户为什么这么做，也无法挖掘出一些用户未表露的感受和想法，这就是质性研究可以去做的。[①] 这个研究涉及很多使用者私生活领域的故事，这些故事不会呈现在公共空间里，而且无法通过量化研究方法得到。

【案例1-6】《强势弱关系与熟络陌生人：基于移动应用的社交研究》[②]

研究目的：

通过质性访谈，考察都市人利用移动应用进行陌生人社交的原因和机制，重新思考两个社会学关键概念："陌生人"和"弱关系"，并着重研究陌生人社会的出现以及当代人际关系的变动和重构。

研究问题：

（1）什么样的人在使用主打陌生人社交的移动应用？

（2）人们出于什么目的进行陌生人社交？

（3）人们为什么会信任社交媒体上结识的陌生人？

（4）这种信任体现了中国社会何种变化？

（5）这些现象需要我们如何重新理解"弱关系"和"陌生人"的理论？

研究方法：

研究选择在北京和上海的都市区域和珠三角工业区进行田野调查。两个地区相互补充，提供一种跨越地域、阶层和职业的理解。

第一阶段：在北京、上海两地采访城市居民的移动社交平台使用情况，共在线采访55位用户，其中40位男性、15位女性。

---

① MILLS K A. What are the threats and potentials of big data for qualitative research? [J]. Qualitative research, 2018, 18（6）：591-603.

② 许德娅，刘亭亭. 强势弱关系与熟络陌生人：基于移动应用的社交研究 [J]. 新闻大学，2021（3）：14.

（说明：对于研究对象的选择没有限制，而是尽可能多地邀请愿意参与研究的陌陌用户接受访谈，从而包含不同年龄段、性别、职业的研究对象，增强研究的代表性。）

第二阶段：集中于珠三角地区，主要在深圳市、广州市和东莞市的工业区展开，研究深入访谈的对象共89位，包括64位女性、25位男性。

（说明：针对打工者作为研究对象，作者发现该区域的受访者在线上访谈中通常言语简短，难以获得高质量的数据，因此调整了访谈策略。作者首先在东莞市清溪镇永成电子厂实习并居住了8个月，随后在深圳名为"手牵手"的农民工非政府组织实习4个月。在2014年5月至2016年6月，作者结交了很多农民工朋友并有意询问他们是否认识网恋的打工人，从而成功地进行滚雪球抽样。）

两项田野调查的人口学组成如表1-1所示。

表1-1　两项田野调查的人口学组成

第一项调查 （2015年，北京、上海居民）			第二项调查 （2016年，北京、上海居民）		
性别人数/人	男	49	性别人数/人	男	25
	女	15		女	64
	合计	64		合计	89
年龄/岁	平均值	25	年龄/岁	平均值	26
	范围	16~34		范围	18~45
涉及应用	陌陌、探探		涉及应用	QQ、陌陌、网络游戏	

研究结论：

（1）基于地理位置移动应用的使用方式分为三种：寻找陌生人建立亲密关系、工具性使用、休闲性使用。

（2）研究提出了"强势弱关系"的概念，指涉如下过程：基于陌生人社交平台建立的弱关系，可以帮助用户寻找亲密关系、实现社交功能、获取经济利益、进行娱乐消遣，即体现出部分"强关系"的性质。

（3）对话经典文献进一步提出"熟络陌生人"的现象：在急剧城市

化、人际关系原子化、城乡城际人口频繁流动的语境下，都市人逐渐对陌生人去敏感性，在移动应用上渴望与陌生人交流。

线上陌生人社交与熟人社交的对比如表1-2所示。

表1-2　线上陌生人社交与熟人社交的对比

	熟人社交	线上陌生人社交
建立机制	长期存在于传统的熟人社会以及当代城市的同学、同事关系中	随着近年来的城市化、市场化、数字化进程逐渐在网络空间出现
维护平台	主要依赖电话、微信、QQ等社交媒体平台	主要依赖陌陌、探探、百度贴吧等匿名社交媒体平台
基本态度	基于对陌生人的防范态度	对于陌生人更为信任，将其视作未来可能的伴侣或朋友
强弱性质	主要包括强关系以及基于工作和受教育经历的弱关系	包含以亲密关系、利益关系等多种可能在内的弱关系
相关功能	受到熟人社会和中国传统文化的影响，能够获得稳定的工作和社交圈子，维护亲人之间的关系，满足长期的情感需求	可以建立亲密关系，达到某种功能（例如实现社交功能或获取经济利益），实现娱乐消遣的目的

许德娅老师的博士论文涉及北京和上海的居民的陌生人社交，而我的博士论文研究的是珠三角农民工的陌生人社交。我们把两个研究结合在一起，写出了这篇论文。

线上的陌生人社交依赖的平台，跟熟人社交是不一样的。研究中我们发现，居住在城市里的中国青年逐渐对陌生人"脱敏"了。小时候爸妈都会教育我们，不要轻信陌生人，不要跟街上不认识的叔叔阿姨讲话。但是我们现在看到的是，越来越多的青年参与到陌生人社交平台中。这时候，我们就对"陌生人"这个概念进行了对话，提出了"熟悉陌生人"的说法。

"熟悉陌生人"指我们在弱关系里面认识的人，这段关系产生了某些强关系的特点，比如我们可以信赖他们，一起做生意。在这项研究中我发现，工业区的工友们会一起去爬山，有些人熟悉之后还会一起租房子住，他们之间的弱关系会变成强关系。当然，其中也有很多功利性的关系。研究发现，在陌生人社交平台上面特别活跃的人有很多是销售，比如金融销售、房产销售或微商。这些关系有一种弱关系中的功利性质。

以上分享了三个主题下的质性研究，分别是饮酒行为、健身与运动、社交媒体，我们对这些现象并不陌生。那么，通过不同的研究方法，可以得出什么不一样的结论？下一节我们试着对上述案例进行进一步的解读。

初学者想要更好地学习质性研究方法，还是要多读质性研究的论文。每个人的阅读体验都很独特，通过阅读这些论文，你会得到一些不一样的启发。作为研究者，写论文其实就像小时候学习写作文一样。学习写作文的时候，我们会阅读一些范文，它是我们学习写作技巧的重要工具。对于学术论文来说，在核心期刊发表的论文就是我们的范文，这些论文都经过了同行评审的筛选，必然有很多优点。我们可以学习其遣词造句和文章整体结构的搭建。以上提到的论文，我们会在后续章节中反复地进行分析。

第二节　质性研究方法的使用情境和优点

我们接着上一节提出的问题，来讲讲质性研究方法的使用情境和优点。

通过上一节的案例，我们可以发现：

第一，质性研究能够呈现出知识的情境性。比如当提到饮酒的时候，普通人的饮酒与朋辈压力和工作的关系是比较非情境性的，因为每个人可能都会有同辈压力；但是如果把饮酒放在官场这个特殊的行政管理体系当中，情境就很不一样。官场具备金字塔形的结构，并且它有一个大前提：分管领导有可能不认识基层的科员，而且一个分管领导要管很多科员，这是一个很独特的情境。这个情境性是我们理解每个人如何看待事件的一个重要面向，也是质性研究方法愈发受到重视的原因。我们面临的是一个越来越多元的社会，传统的宏大理论和元叙事无法解释很多当代问题，地方性与情境性的叙事等待质性研究去发掘。[①]

第二，质性研究能够呈现出事件的偶然性。某一个事情突然火了，其中存在的偶然性不是可以通过量化实验的方法测量出来的。量化实验的方法通常要去掉偶然性，得到一些不被偶然性影响的结论。实际上，我们的生活中有很强的偶然性，而

---

① UWE F. An introduction to qualitative research [M]. 4th ed. London: Sage, 2009: 12.

质性研究会提供一种承认冲突和矛盾的视角。我们得出来的结论可能是存在冲突和矛盾的，或者我们的访谈对象本身就处在冲突当中，就存在自相矛盾。我们的生活并不像模型和公式那么纯粹。有一些社科模型，特别是一些经济学模型，它通过某个自变量去预测某个因变量。但是质性研究不一样，它能够呈现出生活中的矛盾。质性研究不期望解释整个现实，而是更擅长了解实际发生的情况，是可以处理奇异现象和变化的一种研究方法。[①]

是不是所有的问题都可以运用质性研究？答案是否定的。那么，质性研究特别适合用于什么类型的议题呢？

一、质性研究适用的议题

质性研究特别适用于我们预先不了解情况的议题，因为质性研究不像量化研究，需要我们在研究设计的时候拟定假设和模型，而是可以在研究中调整我们的研究方向[②]，这就很适合探索性的研究，比如关于亚文化的研究。对于这类研究来说，研究对象的世界观此前很少被呈现。而这可能是因为研究的现象非常新潮，比如前文提到的 2016 年所做的一项关于健身文化的研究，这个现象在当时是很新的。

质性研究还适用于探讨有文化羞耻感、社会排斥感的议题，这类研究由于种种原因往往很难通过大规模的量化研究进行。比如前文提到的陌生人社交的研究，这个是学术界、高级知识分子群体内很难去讨论的问题，大家囿于自己的身份，本来就很少用陌生人社交的软件。又比如黄盈盈的《我在现场：性社会学田野调查笔记》这本书，内容是关于"红灯区"的研究，以及我们刚刚提到的官场饮酒的问题，这些话题本身是很敏感的。

在理论方面，质性研究适用于对已有（现有）的理解进行质疑和挑战的研究。它挑战社会上普遍流行的观念，或者挑战现有的知识。例如，许多女性主义质性研究致力于揭示那些被父权社会自然化的观念与现象。[③]

① EISNER E W. Concerns and aspirations for qualitative research in the new millennium [J]. Qualitative research, 2001, 1 (2): 135–145.

② MAXWELL J A. Qualitative research design: an interactive approach [M]. 3rd ed. Thousand Oaks, CA: Sage, 2013: 50.

③ EISNER E W. Concerns and aspirations for qualitative research in the new millennium [J]. Qualitative research, 2001, 1 (2): 135–145.

当量化研究不可行或者无法提供足够的解释的时候，也适合使用质性研究。我们刚才提到，有些问题是无法进行量化研究的。有的时候，我们在研究初期带着一些困惑。比如，饮酒不是一种健康的生活习惯，那为什么饮酒文化还如此有生命力呢？这时候，质性研究就能帮助我们去呈现困惑、解释困惑。

二、质性研究可以推动变革

马克思主义所倡导的知识观认为，科学研究不仅仅要认识世界，更重要的是要改变世界。这也是质性研究与量化研究的一个显著区别，质性研究不强调研究者的中立客观，反而肯定研究者的积极介入。我们可以来看一些比较典型的人类学案例。

香港大学社会学系教授潘毅的《中国女工：新兴打工者主体的形成》[1] 是最早的一项关注中国南方打工者主体的研究。这本书的故事性很强，它讲的是中国的"打工妹"的出现。这项研究想要呈现的是，"打工妹"究竟是怎样在国家资本和文化的巨大张力中形成的。潘毅老师为了研究做了八个月的田野调查，住在工厂里面。这本著作关注性别和阶级问题的交织，启发了一代学者关注劳工的议题，比如蔡玉萍、彭铟旎的《男性妥协：中国的城乡迁移、家庭和性别》[2]，两本书之间有一些互相的呼应。又如章玉萍的文章《手机里的漂泊人生：生命历程视角下的流动女性数字媒介使用》[3]，这是一个比较典型的对未知问题提供了知识与理解的研究。工厂内部的人的生活究竟是什么样的？一片工业区出现了，那么里面的"打工仔""打工妹"究竟是怎样生活的？质性研究能深度回答这个问题。

我们再看另一个例子，《城中城：社会学家的街头发现》[4]（*Gang leader for a day：a rogue sociologist takes to the streets*），写的是美国芝加哥黑人社群的故事。1989 年，当芝加哥大学社会学系的博士研究生素德·文卡特斯（Sudhir Venkatesh）正在盘算毕业论文选题该写什么的时候，他撞进了学校以北三公里处湖滨地带南 4040 号——一个危险地带。当时，美国社会存在严重的种族矛盾，芝加哥白人不愿意与黑人为邻，城市

① 潘毅. 中国女工：新兴打工者主体的形成 [M]. 任焰，译. 北京：九州出版社，2011.
② 蔡玉萍，彭铟旎. 男性妥协：中国的城乡迁移、家庭和性别 [M]. 罗鸣，彭铟旎，译. 北京：生活·读书·新知三联书店，2019.
③ 章玉萍. 手机里的漂泊人生：生命历程视角下的流动女性数字媒介使用 [J]. 新闻与传播研究，2018，(7)：49-65，127.
④ 文卡特斯. 城中城：社会学家的街头发现 [M]. 孙飞宇，译. 上海：上海人民出版社，2016.

里也就有了几块被特殊规划的区域，充斥着年轻黑人、穷人、毒品、性交易，混乱得连救护车和警车都不愿意靠近。后来，文卡特斯在其中一个叫罗伯特·泰勒的计划区（Robert Taylor Homes）频繁出入了十年，这段田野经历不但帮助他完成了数篇学术论文，在哥伦比亚大学获得了教职，而且成就了这本名为《城中城：社会学家的街头发现》的通俗非虚构读物。在他之后，整个美国的舆论都开始关注这些贫困的黑人群体，还有人在他的工作的基础上创作了纪录片、电视剧。

这几项研究说明，社会科学的质性研究不仅具备学术价值，而且能引起社会对边缘群体的关注，推动社会改革。它关注此前大众不了解的、受到排斥的和背负着羞耻感的群体，告诉大众这些群体中的人过着什么样的生活。近年来，质性研究还发展出了基于社区的参与性研究（community-based research），倡导研究者在研究中与研究对象（通常是一个社群或组织，尤其是边缘群体）共同理解自身的境遇，解决所面临的问题，这也是质性研究参与改变世界的一种方式。[①]

三、质性研究能降低不确定性

质性研究能够降低不确定性，消除疑问和先验。这里举一个研究主题是阴婚的例子。

我国把阴婚定性为文化落后的迷信行为，并且它不符合现代社会的语境，这是我们对阴婚的先验认识。但是在一些偏远的农村地区，阴婚在当地社会中仍然存在，这是为什么？看似不合理的东西，为什么它在一部分人眼中是合理的？这就是社会人类学的质性研究要回答的问题。

《阴婚为何还有市场：来自社会人类学的考察》[②] 这项研究指出，在阴婚中，尸体是被认为既是死亡的，又是有生命的。阴婚的尸体被当作无生命的商品一样被买卖，但他们也拥有富有生命力的能动性，从而具备一种支持社会运作的功效。这种功效实际上是在操演一种情感劳动，以缓解在世的人的焦虑，主要是关于无法婚配的焦虑。

从这个例子可以看出，质性研究的结论有两个特点：第一，它在我们先验认识的基础上，补充了被研究者的观点；第二，它将我们以为很熟悉的东西进行陌生化

---

① STRINGER E T. Action research ［M］. 4th ed. Thousand Oaks，CA：Sage，2014.

② 邓国基，王昕，陈莎莎. 阴婚为何还有市场：来自社会人类学的考察 ［J］. 原生态民族文化学刊，2019，11（5）：51-59.

理解。对于这样的课题，如果用量化研究方法，我们只能得知比如有多少人在进行阴婚，以及他们怎么看待阴婚等。也就是说，量化研究无法提供你想象不到的答案。因为在量化研究当中，当我们制定量表的时候，我们就预设自己已经知道了几个答案，让对方选择其中一个。至于我们想不到的那些选项，就永远得不到了。这就是量化研究的局限，而质性研究恰好可以弥补这样的局限。

我们再将视线转向另外一个发展程度更低的地方——非洲的马拉维。马拉维的人均 GDP 全球倒数第三，没有一家影视公司在这里发行电影，但是考察发现，当地人非常熟悉全球的影视作品，包括在农村地区的居民，这是为什么？《"第四世界"中的"低端"媒介实践：非洲马拉维录像厅的田野考察》[①] 这项研究就发现，当地富裕阶层开设了许多录像厅，播放盗版影片。这些影片中 90% 是中国和美国的战争片、动作片，哪怕没有当地语言配音，也不影响观影体验。研究者指出，这些贫困的"第四世界"实际上通过一种"低端全球化"的方式，和全球体系保持着密切联系。

从这个案例可以看出，对于研究者来说，质性研究最重要的就是挑战自己的生活边界，把自己打开，去认识之前以为离自己很远的各种各样的人，了解各种各样的事情。

第三节　质性研究方法简介

本节我们谈论两个问题，质性研究的研究流程和抽样方法。这些都是刚开始接触质性研究的研究者很关心的问题。虽然质性研究不像量化研究那样讲究严格的抽样方法和研究设计，但也有一些需要注意和学习的地方。

一、质性研究的研究流程

关于质性研究的流程，我们先来了解两个概念：演绎推理（deductive reasoning）

---

① 郭建斌，李加方．"第四世界"中的"低端"媒介实践：非洲马拉维录像厅的田野考察［J］．新闻界，2019（12）：85 - 98.

和归纳推理（inductive reasoning）。

量化研究遵循的是演绎推理，是从知识推导出事实的过程。演绎推理的基本流程如下：首先，通过理论得到假设（hypothesis），比如同辈压力跟饮酒行为之间有没有关系，这是一个假设；其次，通过抽样来进行检测，检测的方法可能是问卷调查，也可能是实验研究或者其他量化方法；最后，得出研究结果，证实或推翻假设，进一步修正原有理论。

我们在【案例1-1】展示的关于饮酒的研究就是一个很典型的演绎推理。它从文献当中提取出一个假说，即同辈压力会影响饮酒行为，然后通过问卷和实验来检验这个假说。最后得出结论，认为在某些情况下，同辈压力会对饮酒行为有正向影响。这是很典型的演绎推理，是量化研究的根本逻辑。

质性研究遵循的是比较典型的归纳推理。归纳推理的逻辑是从事实推导出知识，它的基本流程如下：首先，质性研究一开始没有完整的理论或假设，只有一个研究者感兴趣的主题；其次，研究者通过观察或者访谈，找到了一些模式和规律后，才形成基本的假设；最后，研究者将假设理论化，用理论去解释假设。①

下面我们以社交媒体使用者对网络社交分量平台"小红书"的看法为例，来分析质性研究归纳推理的流程。

【案例1-7】社交媒体使用者如何看待"小红书"这一网络社交分量平台？

研究分析：

这类探讨"如何""为何""怎样"的问题，特别适合用归纳推理的方法进行质性研究，这是因为质性研究能为我们呈现"过程"，这是数据较难做到的。②

研究方法：

假设我们对6个访谈对象进行采访，得到了以下回答：

访谈对象A："小红书"是旅行旅游出行必备App；

访谈对象B：买东西的时候会看一下；

① TRACY S J. Qualitative research methods：collecting evidence，crafting analysis，communicating impact［M］. Malden，MA：Wiley-Blackwell，2013：22.

② PATTON M Q. Qualitative evaluation and research methods［M］. 2nd ed. Thousands Oaks，CA：Sage，1990：94.

访谈对象 C：看别人在过什么样的生活；

访谈对象 D：对 C 质疑，认为"小红书"实际上并不是在呈现真实世界；

访谈对象 E：观点与 A、B 相似，在出行旅游、买东西的时候会参考"小红书"，但是知道它不一定可靠；

访谈对象 F：观点与 C 相似。

以此类推，我们做了 30 个访谈。从现象中总结规律，我们发现人们对于"小红书"的使用观念大致分为 A、B、C 三种。

研究结论：

（1）"小红书"已经成为一种新的生活方式的教科书。

（2）"小红书"呈现的是使用者明知不真实的拟像世界。

这两个研究结论是从我们的访谈当中抽象出来的，并且它具有了一定的理论性。结论一认为"小红书"是一种生活方式教科书，结论二认为"小红书"呈现的是一种拟像世界。拟像（simulacra）是亚文化研究中经常使用的一个概念，意思是我们都处在各种各样的媒介为我们呈现的真实之中。[①]

通过以上案例，我们能够对归纳推理有一个更深层次的理解。总的来说，归纳推理的步骤是先从观察访谈中找到模式和规律，形成基本假说，再将其理论化。这是质性研究遵循的归纳推理过程，它跟量化研究有着本质的不同。

接下来我们通过另一个案例来看看质性研究的具体流程。这个案例探讨了中国城市新中产女性与宠物的关系，我们在第五章介绍扎根理论的时候还会再次讨论这项研究。

【案例 1 - 8】《成为中国城市的"宠物奴隶"：跨物种城市理论、单身职业女性及其伴侣动物》（Becoming "pet slaves" in urban China：transspecies urban theory，single professional women and their companion animals）[②]

研究背景，发现研究方向：

中国进入商品社会和后工业社会之后，宠物日渐在都市个体的生活中

---

① BAUDRILLARD J. Simulations ［M］. New York：Semiotext（e），1983.

② TAN C K，LIU T，GAO X. Becoming "pet slaves" in urban China：transspecies urban theory，single professional women and their companion animals ［J］. Urban studies，2021，58（16）：3371 - 3387.

扮演重要角色。将宠物纳入家庭的宠物—人类互动实践正在中国的城市生活中蓬勃兴起，但仍缺少研究层面的解释与思考。

资料搜集，回溯对狗的讨论：

（1）历史上作为狩猎助手、看门助手；

（2）食狗节等争议，动物权利 VS 民俗；

（3）符号里的狗；

（4）公共卫生领域中的狗；

（5）近十年来，宠物文化的出现：纯种狗的阶级象征；类亲属关系出现；"猫奴""狗奴"文化……

提炼：宠物—人类研究取向变迁；实用主义导向—符号隐喻性—类亲属化关系。

研究问题：

本文考察当代城市新中产女性与宠物的关系，讨论在城市化、婚龄育龄推迟的语境中宠物对于都市新中产女性的社会功能。研究关注年轻女性白领为何选择与宠物为伴？宠物与她们的关系是什么？宠物和家庭成员的界限在哪里？

研究方法：

（1）准备阶段：①拟订访谈提纲；②招募访谈对象；③数据搜集、整理，访谈，编码（coding）。

（2）数据分析：①形成扎根后的编码系统（coding system）；②词云、文献、探讨；③分析：因果关系，递进的深层次关系；④扎根：通过浮现的主题，推演理论和诠释。

需要说明的是，数据搜集与分析常常共同推进。

论文写作：

质性论文的写作不是一个线性递进的过程。其先报告最典型的，然后报告次级主题的关联。

研究结论：

（1）经济实力是这些城市新中产阶级饲养宠物的基础。从结构背景来看，在资本与消费主义的裹挟下，目前饲养宠物的一系列要求已经升级并且有士绅化（gentrification）的趋势。

（2）宠物作为家庭成员满足了新中产女性部分亲密陪伴的需求，宠物—人类互动中宠物有拟人化的倾向。很多受访者会把宠物当成家人，并且会给它们起名字，用拟人化的方式和它们相处。

（3）宠物成为都市个体的新型社交方式，背后包含一种新型的对待动物友好的世界主义精神。在社交媒体空间，分享宠物的照片成为一种潮流；而在线下的实体社区，猫、狗常常成为新的搭话缘由，拉近人与人之间的距离。

这篇论文关注的问题是：为什么突然之间，城市新中产女性流行养狗养猫？她们与宠物的关系是什么样的？宠物和家庭成员的界限在哪里？这三个问题的提问方式都是"如何""怎样"，都属于非常典型的适合用质性研究和归纳推理的逻辑来探讨的问题。

回到先前讨论的问题，质性研究适合什么样的研究？一是关注新现象、新趋势的研究，这类议题没有太多的先验研究可以参考；二是归纳研究，也就是说我们先从田野中发现某些有趣的现象，然后对现象进行归纳、提出假说，最后再进行理论化。可以说，归纳是从社会现象入手得到理论的。

二、质性研究的理论框架

质性研究是否可以运用多个理论，而非局限于一个理论框架，或者用理论结合史料进行？

要知道，不同理论的层次是不一样的。有一些理论被称为元理论[①]，也就是理论的理论，比如福柯关于权力和社会资本的理论就是一种元理论。一篇论文里可能不止一个元理论，甚至出现几个元理论之间的交锋，特别是那种纯理论性的研究。但是按照人文社科目前的取向，特别是基于实证研究的论文里，通常就只有一个元理论。

例如，一篇论文里用了福柯的元理论，那么就不太可能在同一个层面用其他的理论，但有可能在下一层面使用更小的理论。如陌生人交往理论就是一种二级理论，它不像元理论的理论层次那么高，不是一个"放之四海而皆准"的理论。探讨这一理论的时候，我们会引入很多可以对话的文献，这就是二级文献。甚至我们还可以

---

① 唐莹，瞿葆奎. 元理论与元教育学引论［J］. 华东师范大学学报（教育科学版），1995（1）：1-14.

再铺一层理论和文献，如史料，形成三级的理论对话。在我看来，一篇论文里，可以用一个一级理论（元理论），以及很多个二级理论、三级理论。

当然，如果是学位论文，我们要用多少个理论，跟导师的偏好也有关系。导师是学位论文的第一位阅读者，也有可能是唯一的阅读者，因此导师的喜好也与理论的使用息息相关。

三、质性研究的抽样方法

我们前面讲了质性研究的流程。在这个流程中，一个必需步骤就是抽样。由于质性研究注重从研究对象和他们的内在经验上获得比较深入细致的解释性理解，因此研究对象的数量一般都比较小，不可能也不必要采取概率抽样的方式。①

（一）理论层面的抽样方法

质性研究的抽样方法通常有两种表述：

1. 目的性抽样（purposive sampling）

这种抽样也称判断抽样（judgement sampling）②，即根据研究目的，抽取能够为研究问题提供最大资讯量的研究对象。③ 有学者认为质性研究中的所有抽样都是目的性抽样，但并非所有目的性抽样都可以视为我们接下来要说的理论性抽样。④

2. 理论性抽样（theoretical sampling）

这种表述最早在扎根理论中被提出⑤，巴尼·格拉泽（Barney Glaser）将其定义为"为了形成理论的抽样过程，与此同时，研究者还要收集、编码和分析得到的数据，并决定为了发展形成的理论，在哪里收集哪些新数据，即抽样是由理论形成的过程决定的"⑥。随着质性研究对这一抽样方法的运用，理论性抽样也被理

---

① 陈向明. 社会科学质的研究［M］. 台北：五南图书出版股份有限公司，2002.

② MARSHALL M N. Sampling for qualitative research［J］. family practice，1996，13（6）：522－526.

③ PATTON M Q. Qualitative research & evaluation methods：integrating theory and practice［M］. 4th ed. Thousand Oaks，CA：Sage，2015：264.

④ COYNE I T. Sampling in qualitative research. Purposeful and theoretical sampling：merging or clear boundaries?［J］. Journal of advanced nursing，1997，26（3）：623－630.

⑤ GLASER B G，STRAUSS A L. The Discovery of Grounded Theory［M］. Chicago，IL：Aldine，1967.

⑥ GLASER B G. Theoretical Sensitivity［M］. Mill Valley，CA：Sociology Press，1978：36.

解为根据研究设计的理论指导或根据相关研究收集的数据和得到的研究成果进行抽样。[①]

这两种表述的意思大体相近，即根据研究目的来抽取研究对象。质性研究抽样的过程更讲求灵活性，而非遵循规范步骤；而且它有高度的情境性和多样性，在选取过程中有很强的主观性。

比如前面提到的关于中国女工的研究，当时研究者潘毅进入的工厂肯定不是概率抽取的工厂，而是最方便进入的工厂。另外，芝加哥黑人社群的研究中也采用了目的性抽样。在质性研究中，能够为研究提供资讯的就是好的研究对象。

（二）实操层面的抽样方法

以上提到的是理论层面，那究竟在实际操作过程中要怎么抽样呢？我给大家总结了一些策略。

1. 强度抽样

根据样本的特性，选择具有较高资讯密度和强度的个案。比如前面提到的陌生人社交，对于我们来说，一开始最理想的研究对象当然是使用过"陌陌"或"探探"的人。我当时的策略就是待在工厂里，问其他的工友："你认识的工友里，有哪位是有网恋经历的？"

假如我们只有有限的时间，应该去访谈谁呢？那就是原本就有倾诉欲望、话比较多的人，他们就是比较理想的研究对象。

2. 较极端或有偏差的抽样

我们总认为研究要关注更普遍的事物，但是质性研究往往相反，会关注那些较极端或者被认为"不正常"的个案。比如某位官员身体不好，但还是硬要喝酒；又比如一个人本来非常忙碌，但是还要养三四只猫。这样的访谈对象听起来好像特别怪异，但其实他们能够提供更精彩的故事，为我们感兴趣的问题提供更多的答案。

① GENTLES S J, CHARLES C, PLOEG J, et al. Sampling in qualitative research: insights from an overview of the methods literature [J]. The qualitative report, 2015, 20 (11): 1772-1789.

3. 典型个案抽样

典型个案就是将一个想法或者行为能够代表群体的人作为典型案例。在所有的质性研究中，样本一定具备某种特征。我们不需要将研究结论推广到所有人，但是研究中一定要具备典型个案。通过典型个案和较极端的个案，我们才能更全面地展示群体的特征。

4. 关键个案抽样

关键个案就是对事情产生决定性影响的个案。例如，对于我之前所做的关于工人亲密关系的研究，关键个案会是什么样的人？实际上，一些工厂中会有一些"妹头"，比如年纪稍长的女性。她认识工厂里所有的人，而且特别热心，她也会回到家乡，邀请找不到工作的人都来厂里工作，还会积极撮合厂里的单身男女。像这样的"妹头"就是特别关键的个案。

5. 滚雪球抽样

在理想化的情境下，我们有各种各样的样本可以挑选。但实际上我们可能找不到那么多访谈对象，这时候就可以使用滚雪球抽样方法，每认识一个人就通过他认识其他人。

6. 机遇式抽样

机遇式抽样其实就是碰运气。我们把自己彻底打开，走进田野，去寻找研究对象。另外两种相似的方法是目的性随机抽样和便利抽样，我们先考虑自己身边有什么样的人，再从身边的人入手进行研究。

7. 综合性抽样

根据我们的研究需要和研究进展，综合两种或以上的上述抽样策略。

（三）其他需要注意的问题

1. 样本的选择

在质性研究当中，你要选择自己感兴趣的研究议题和研究对象，这个过程实际上有很强的主观性。而且，这种主观性会要求你去审视自己的社会位阶，以及随之而形成的价值观和自我认同。① 比如说自己处在什么样的社会位置，原来怎么看待研究对象，这之间就存在主体间性（intersubjectivity）。作为研究者，通过反思我们的主体性，反思我们个人对抽样方法的影响，可以"客观"地审视自己的"主观性"，了解主体与客体之间的主体间性，从而减少我们的"主观性"对我们研究视野以及对研究数据理解的限制。②③

2. 样本的容量

在质性研究中，样本绝对的大小并不重要，重要的是理论饱和度（theoretical saturation）。这里的饱和是源自扎根理论的一个概念④，简单来说，就是当同样的访谈问题得不到新信息的时候，需要更换一下提问的角度；而当继续进行访谈或者观察无法提供更多新见解的时候，就是研究的终点。因此，访谈对象数量的选择与理论饱和度相关。

具体来说，质性研究选择多少个访谈对象是合适的？通常来说，对于硕士阶段的研究，访谈 15～20 个对象是比较理想的，博士阶段的研究则需要 30 个以上。各个学科的要求也不一样，例如人类学领域对于质性资料的要求就特别高。具体来说，可以参考你所在的研究领域里最重要的期刊近两年所发表的论文，看看其中量化研究的论文有多少、质性研究的论文有多少；如果有质性研究论文的话，要看看这些研究的样本量有多大。

质性研究关注别样的、此前没有被发掘的故事和观点，这是它最有意思的地方。量化研究讲求大样本和结论的可推广性、可重复性，但质性研究通常是不可重复的，因为每个人做的访谈都不一样，每一个访谈对象也不一样。

---

① MAXWELL J A. Qualitative research design：an interactive approach ［M］. 3rd ed. Thousand Oaks，CA：Sage，2013：47.

② PESHKIN A. The color of strangers，the color of friends：the play of ethnicity in school and community ［M］. Chicago，IL：University of Chicago Press，1991：293.

③ 陈向明. 社会科学质的研究 ［M］. 台北：五南图书出版股份有限公司，2002：158.

④ GLASER B G，STRAUSS A L. The discovery of grounded theory ［M］. Chicago，IL：Aldine，1967：61.

复习思考题

1. 质性研究有哪些方法和哪些推荐的使用情境？
2. 在你看来，访谈法是一种怎样的研究方法？
3. 对于同一个主题，量化研究和质性研究呈现的结果究竟有什么不同？

第二章

质性研究的理论基础

第二章我们来谈谈质性研究的理论基础。质性研究作为一种研究方法，其哲学基础为数字时代的研究提供了重要启发。

在数字时代，获取和分析大量数据进行量化研究更加方便易行。然而在此背景下，质性研究仍然具有不可替代的意义和价值，尤其在理解人类行为和社会现象的复杂性方面。通过本章节介绍的多个案例，我们将看到质性研究如何通过深入访谈、参与式观察和案例研究等方法，对社会现象背后的复杂背景和情境提供深入理解。同时，质性研究关注个体的经历、感受和观点，能够揭示人们如何在数字环境中构建意义和经验，这对于理解技术的社会影响至关重要。此外，在研究新兴的数字现象时，质性研究有助于提出新的概念和理论。

本章主要包括五节内容。第一节涉及质性研究的哲学基础。第二节是质性研究方法的类型，包括访谈法、观察法、民族志等。第三节主要介绍非虚构写作的当代发展。最后两节，我们会深入讨论访谈的三种类型和目标，以及赏析优秀的论文写作案例。

要想写出优秀的质性研究论文，仅仅了解怎么编码、怎么设置问题是不够的。只有理解质性研究的理论基础，了解研究的三观，我们才能建立起良好的学术品位。同时，通过大量阅读优秀的质性研究论文，能了解哪些问题值得用质性研究的方法进行研究，有助于提高整体的写作格调。

第一节　质性研究的哲学基础

所有的研究背后都存在着某些观念，决定着研究方法的走向和它的本质，这些观念就是研究范式（research paradigm）。研究范式是研究理论背后的逻辑框架，它决定了研究方法的选择、研究题目的选择、研究者的兴趣，甚至作为研究者的生活方式。它可以理解为研究者的"三观"，或者说它很像眼镜，我们戴上眼镜去看世界，整个世界就会是眼镜的颜色。

一般来说，学界公认的"范式"是由美国科学哲学家托马斯·塞缪尔·库恩（Thomas Samuel Kuhn）于1962年在其著作《科学革命的结构》中提出的概念，指科学界公认的信仰、理论、模型、模式、事例、定律、规律、应用、工具仪器等都可能成为某一时期、某一科学研究领域的范式。① 范式的出现为某一研究领域的进一步探索提供了共同的理论框架或规则。

随着学界对"范式"研究的进一步关注和研究，吉奥乔·阿甘本（Giorgio Agamben）等人指出，实际上库恩在两个不同的意义上使用"范式"这个概念：一是"范式"可以用"学科基质"（disciplinary matrix）来取代，指的是某个特定科学共同体的共有物（common possessions），即群体成员或多或少有意识地坚持的那些技术、模型和价值的集合；二是这个集合中某种单一的元素，这种元素起到了通例（common example）的作用，并因此而取代明示的法则，而使某个特定而自洽的研究传统得以形成。②

戴维·德瓦斯（David de Vahs）曾将研究设计在项目中的作用和目的，比作在订购材料之前，了解正在建造的建筑类型（如办公楼、制造机械的工厂、学校等）。③ 按照这种类比，范式就相当于建筑风格，也就是说，它可以是哥特式、巴洛克式、现代式、后现代式、东方式等。

总结来说，正如马克·桑德斯（Mark Saunders）等人所言，范式是一项研究背后的总体建设性框架和元思维。它是"一种检验社会现象的方法，可以从中获得对这些现象的特殊理解并尝试解释"④。意识到不同范式之间的差异将有助于研究人员在该领域的大量可用文献中找到一条"路径"，并欣赏不同范式提供的不同视角和见解。

一、质性研究范式的三种观念

质性研究的范式由三种观念共同组合形成，分别是本体论（ontology）、认识论（epistemology）和方法论（methodology）。我国学者叶晓玲、李艺认为，哲学本体论探究的是世界的本源和基质，就研究而言，本体论就是这个研究追寻的"真"是什么，研究者如何理解"真"、如何理解"本质"；所谓认识论，指我们如何去认识事物的"真"，就研究而言，就是我们通过怎样的途径能够探寻到事物的本质。⑤ 澳大利亚学者迈克尔·克罗蒂（Micheal J. Crotty）进一步指出，认识论决定理论视角，这些视角

① KUHN T S. The structure of scientific revolutions［M］. Chicago：University of Chicago Press，1970.

② AGAMBEN G. What is a paradigm？［J］. Filozofski vestnik，2009，30（1）.

③ DE VAHS D. Research design in social research［M］. London：Sage，2001.

④ SAUNDERS M，LEWIS P，THORNHILL A. Research methods for business students［M］. Harlow：Prentice Hall，2007.

⑤ 叶晓玲，李艺. 现象学作为质性研究的哲学基础：本体论与认识论分析［J］. 教育研究与实验，2020（1）：11 - 19.

决定了研究方法论，然后方法论支配和选择研究方法。①（见图2-1）袁方则在其著作《社会研究方法教程》中进一步补充了方法论的定义及其与本体论、认识论的关系：方法论是根据本体论和认识论而采用的科学研究方法，它是思维层次上的"基本假设、逻辑、原则、规则、程序等问题，是指导研究的一般思想方法或哲学"②。

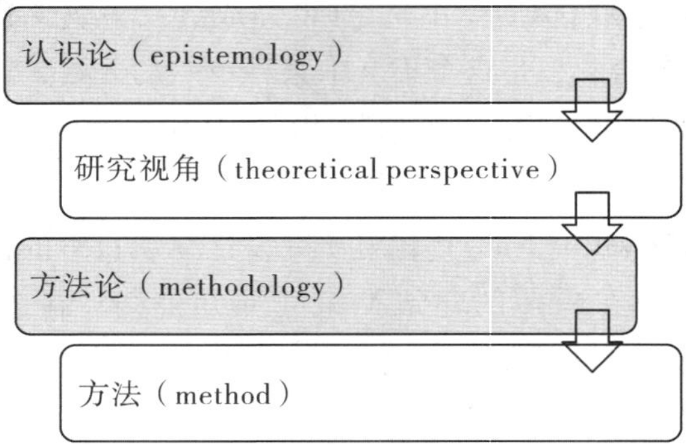

图2-1 研究过程的基本要素③

具体来说，我们可以这样认识这三个陌生的概念：

本体论讨论研究对象的本质，即研究对象究竟是什么样的存在，以及我们所研究的是物质、精神，抑或是物质与精神之间的关系。就本体的性质而言，一般可以分为唯物论（materialism）和唯心论（spiritualism）。

认识论讨论什么可以被视为知识或事实，即知识如何能够成立，其性质为何，批判的知识与经验的知识分际何在，知识的验证标准为何，等等。对客观事实的解读同样是一种知识。例如，一年有二十四个节气，每个节气要做什么，这其实是从农耕文化中流传下来的知识。

方法论主要讨论什么样的研究方法能最好地研究社会现实。它是关于方法的哲学观，探讨研究的基本假设、逻辑、原则、规则、程序等问题，是指导研究的一般思想方法或哲学。方法论常被探讨的有两个极端：一个是通则式研究（nomothetic approach），认为社会关系的规则模式可以用通则的术语来解释；另一个是个体化研究

① CROTTY M J. The foundations of social research: meaning and perspective in the research process [M]. London: Routledge, 1998: 4.
② 袁方. 社会研究方法教程 [M]. 北京: 北京大学出版社, 1997: 24.
③ CROTTY M J. The foundations of social research: meaning and perspective in the research process [M]. London: Routledge, 1998: 4.

图2-1中内容：
认识论（epistemology）
研究视角（theoretical perspective）
方法论（methodology）
方法（method）

（ideographic approach），否认社会生活各因素有其规则，或其社会关系可以用通则的方式来解释，而主张个体化的人可以创造、修饰与诠释社会世界的意义。

总体来说，本体论告诉方法论关于现实的本质，社会科学应该研究什么；而认识论告诉方法论关于知识的本质或者知识应该在哪里被寻求，以及我们如何知道我们所知道的知识。有了本体论和认识论的指导，方法论准备了一整套供研究者使用的研究设计。

二、三种常见研究范式

在人文社科领域，比较强势的话语主要是量化社会科学范式当中的实证主义（positivism）。实证主义范式认为，现实是真实的、先验的、可知的，而知识是对现实的发现和客观反映。实证主义范式主要用量化、演绎的方法来获取知识，目的是发现客观的、普遍的、可信的社会规律和模式，以预测和控制未来。

实证主义范式研究通过可量化编码分析客观行为，从而获取知识。为了尽量减少和排除研究者背景和偏见对研究的污染，实证主义研究使用测量等工具，采取价值无涉的数据收集和分析策略，并通过多种方法相互验证，保证结果的准确和有效。

例如，为了探讨 COVID-19（新型冠状病毒）大流行期间中国的媒体使用、媒体信任和民族主义之间的关系，张德春等人进行了在线调查。基于文献梳理，他们首先提出了以下七个研究假设：

H_1：在 COVID-19 大流行期间，新闻媒体使用与民族主义呈正相关。

H_2：在 COVID-19 大流行期间，使用社交媒体获取新闻与民族主义呈正相关。

H_3：在 COVID-19 大流行期间，新闻媒体比社交媒体获得了更多的媒体信任。

H_4：在 COVID-19 大流行期间，新闻媒体信任度与新闻媒体使用呈正相关。

H_5：较高的新闻媒体信任度与社交媒体的使用呈负相关。

H_6：在 COVID-19 大流行期间，一般媒体信任度将与民族主义产生积极的关系。

H_7：在 COVID-19 大流行期间，新闻媒体信任度与民族主义呈正相关。

通过设计量表和开展在线调查，该研究表明，在 COVID - 19 大流行期间，中国的民族主义水平相对较高，新闻媒体使用与民族主义呈正相关，人们使用社交媒体获取新冠疫情相关新闻的次数越多，民族主义水平越高。此外，新闻媒体比社交媒体获得了更多的媒体信任，较高的新闻媒体信任度与新闻媒体使用呈正相关。在新冠疫情期间，中国公民中存在高度的民族主义情绪。战争、流行病和其他生存威胁等危急时刻一直是利用报纸和其他媒体渠道宣传民族主义和加强国家政治认同感的关键节点。①

而在质性研究当中，最主要的范式是解释主义（interpretivism）。解释主义范式认为现实并非客观存在，而是由社会建构的；而知识同样在传播、互动和实践当中被人们建构，甚至由研究者和被研究者共同创造。解释主义强调理解知识为什么发生和如何发生，以及给参与者发声的机会。

解释主义的方法选择具有伦理和政治考量，强调从参与者的视角出发，不仅考察行为，而且考察意图与情感，使用多种方法得出丰富和多层次的理解。解释主义认为，人类活动不只是可见可量化的物质现实，更是可解读、可分析的文本。

例如，随着新兴的电子竞技的不断发展，中国电竞玩家的实践不断受到学界的关注。林仲轩等人通过实地调查和访谈，探索中国电竞职业从业者转变为新的自我创业主体的问题。

研究针对中国蓬勃发展的电子竞技及其特定背景，结合了人种学的参与观察和深度访谈的研究方法来探讨研究问题。研究者在上海、广州、苏州和成都进行了为期一年（2018 年 7 月 1 日至 2019 年 7 月 1 日）的田野调查，对 15 家顶级电竞俱乐部进行了观察（基于目的性抽样），并完成了 35 次深度访谈（基于滚雪球抽样），访谈对象包括选手、教练、经理和评论员等行业内的不同从业人员。

研究发现，中国电竞玩家追求精英化、不稳定性和未来的一次性。精英神话是一种错误的意识，误导中国电竞选手自愿忍受不稳定性和一次性的痛苦。②

批判主义（criticism）范式认为现实由权力关系建构，形成于控制与抵抗的持续冲突之中。在这个过程中，一些人的知识被建构成历史事实，而另一些人的知识被隐藏和扭曲。所以，批判主义范式关注知识由什么样的权力关系所建构，以及怎

---

① ZHANG D, XU Y. When nationalism encounters the COVID - 19 pandemic：understanding Chinese nationalism from media use and media trust ［J］. Global society，2023，37（2）：176 - 196.

② LIN Z, ZHAO Y. Self-enterprising eSports：meritocracy，precarity，and disposability of eSports players in China ［J］. International journal of cultural studies，2020，23（4）：582 - 599.

样改造原有的权力关系，实现更平等的社会。

批判主义范式关注阶级、性别等社会结构中的歧视与不公。批判主义范式研究采取定性方法，指出控制与支配关系，并通过提问"应该怎样"来促成改变，破坏权力关系，从而带来解放。

例如，为理解新浪微博"饭圈女孩出征"现象，崔凯通过分析相关网络"爬虫"数据，揭示了该事件的发展逻辑及扩散特征，并指出主流媒体和商业机构在事件中发挥的关键作用。

研究于 2019 年 11 月爬取了新浪微博话题页"#我们都有一个爱豆名字叫阿中#"数据，分析了 51 554 条原创微博及对应用户信息。同时，研究选取该话题下转发量最大的一条微博进行扩散路径分析。该微博由人民日报官方微博账号发布，截至数据爬取时的转发量达 307 258 次。

分析发现，"饭圈女孩出征"是由粉丝群体自发生成的、低组织化的网络行动。其中，粉丝群体起到了讨论酶（discussion catalysts）的作用，而主流媒体官方账号是引发大规模网络扩散的关键，尤其是人民日报官方微博账号。社交媒体和娱乐营销号背后的互联网公司则通过推动爱国主义行动，获取了赖以生存的流量。由此，该研究认为虽然本次事件以"饭圈女孩"冠名，但是饭圈的动员力量被高估，并且对其中的"复读机"式爱国主义表达表示担忧。①

实证主义、解释主义和批判主义范式并非相互对立，而是一种你中有我、我中有你的关系。一篇质性研究的论文通常需要先报告社会现实，提供对它的解读，再批判已有的文献。

三、三种范式的应用示例

那么，三种范式之间有何区别？我们举例来讨论。比如，面对同一块石头，三种范式会从不同的角度提出不同的问题，具体如下：

实证主义：这块石头有多重？属于什么岩石？它的密度有多大？它能够跟什么物质发生化学作用？它能够用来做什么？

① 崔凯. 破圈：粉丝群体爱国主义网络行动的扩散历程——基于对新浪微博"饭圈女孩出征"的探讨[J]. 国际新闻界，2020，42（12）：26-49.

解释主义：这块石头是怎么来的？是别人送给我的礼物吗？或者是我在某一趟旅行中捡回来的，承载着那次旅行的记忆？

批判主义：资本主义的生产方式会导致哪里的石头被滥用？在它不可循环的使用过程中，存在哪些有问题的生产方式？

基于不同的本体论、认识论，我们可以对同一个议题进行不同的研究。联系上一章的内容，量化研究和质性研究是不是二分天下？哪一种更有效？实际上，不论哪种研究方法、范式，其最终目的都是增进对研究对象的认知，提出新的理论或验证已有的理论，从而推动学科的发展。

接下来我们以"恋爱"为主题，通过一些论文案例来看看同一主题下不同研究范式是如何展开的。

【案例2-1】《青年恋人的成人依恋、冲突解决行为与亲密关系满意度》[①]

研究目的：

在大学生恋人样本中检验成人依恋、冲突解决行为与亲密关系满意度的关系。

理论视角：

采用行为者—同伴相依模型（APIM）分析个体和伴侣的成人依恋、冲突解决行为与个体自身的亲密关系满意度的关系。

研究方法：

选取37对大学生恋人，用亲密关系经历量表（ECR）测量成人依恋情况；研究对象在实验室内进行15分钟的冲突解决讨论，讨论过程被录像并进行编码，使用婚姻互动全面编码系统（MICS-G）测量冲突解决行为；用关系指数质量量表（QRI）测量亲密关系满意度。

研究结论：

APIM结果显示（见表2-1），男性的成人依恋回避与男性自身的亲密关系满意度有负向关联，女性的成人依恋回避与女性自身的亲密关系满意度有负向关联，男性的建设性冲突解决行为与其女性伴侣的亲密关系满意

---

① 刘泽文，崔萌，韩易静.青年恋人的成人依恋、冲突解决行为与亲密关系满意度［J］.中国心理卫生杂志，2014，28（8）：597-601.

度有正向关联。青年恋人的亲密关系满意度与个体自身成人依恋密切相关，女性的关系满意度还与伴侣冲突解决行为相关。

表 2 – 1　APIM 模型参数估计结果

变量	非标准化 B	t 值	p 值
[性别 = −1]	36.32	53.36	<0.001
[性别 =1]	37.14	54.57	<0.001
[性别 = −1] *行为者的依恋回避	−2.48	−2.86	0.006
[性别 =1] *行为者的依恋回避	−3.72	−3.68	0.006
[性别 = −1] *行为者的依恋焦虑	1.02	1.03	0.308
[性别 =1] *行为者的依恋焦虑	−0.79	−0.94	0.353
[性别 = −1] *行为者建设性的冲突解决行为	0.37	0.21	0.832
[性别 =1] *行为者建设性的冲突解决行为	1.24	0.49	0.627
[性别 = −1] *行为者破坏性的冲突解决行为	−2.07	−0.71	0.480
[性别 =1] *行为者破坏性的冲突解决行为	2.78	1.06	0.293
[性别 = −1] *伴侣的依恋回避	−0.35	−0.35	0.731
[性别 =1] *伴侣的依恋回避	−0.61	−0.71	0.484
[性别 = −1] *伴侣的依恋焦虑	−0.20	−0.24	0.814
[性别 =1] *伴侣的依恋焦虑	0.32	0.32	0.752
[性别 = −1] *伴侣建设性的冲突解决行为	6.08	2.41	0.019
[性别 =1] *伴侣建设性的冲突解决行为	0.66	0.38	0.705
[性别 = −1] *伴侣破坏性的冲突解决行为	1.83	0.70	0.486
[性别 =1] *伴侣破坏性的冲突解决行为	−2.28	−0.78	0.436

注：男性赋值为 1，女性为 −1。

这是一篇发表在《中国心理卫生杂志》上的论文，属于非常典型的实证主义研究，对想要研究的对象和议题都进行了客观化处理。这项研究的目的是检验成人依恋、冲突解决行为与亲密关系满意度之间的关系。其把亲密关系当成一种能够用客观标准进行衡量的主题，采取量化研究的方法，通过问卷调查和实验法来回答研究问题。

【案例2－2】《时间的亲密涵义：数字化情感交流中的时间体验及其关系意涵》①

研究目的及方法：

聚焦城市青年在恋爱中的媒介使用，结合深度访谈的经验数据和媒介意识形态的概念工具，分析他们在情感交流中的时间体验，并将其放入当代情感文化和亲密关系变迁的背景中进行读解。

研究问题：

中国城市青年的情感表达和沟通的语言化、数字化给亲密关系带来什么样的影响？恋爱中的媒介使用给他们造成了什么样的时间体验？

理论视角：

媒介意识形态、当代情感文化和亲密关系变迁。

研究发现：

（1）青年们在情感交流中的时间体验具有多样性和矛盾性，大多体现了他们对关系的考量，与当代亲密关系的内在矛盾密切相关。

（2）重视耗时的消息编写和即时的信息回复：传统婚恋理想的延续、对现实中恋爱意义不确定的担忧。

（3）发生冲突时，制造时空距离的媒介使人克制情绪，使沟通更为可能，这一点与西方重视面对面沟通的传统有所不同。

这篇论文主要探讨中国城市青年的情感表达和沟通的语言化、数字化给亲密关系带来了怎样的影响。这是一个关于"是什么"（what）和"怎么样"（how）的问题，特别适合采用解释主义质性研究的方法。这项研究使用了深度访谈法。

我们现在的情感交流中常常要用到数字技术。在数字化的情感交流中，时间究竟带来了怎样的体验？这个问题对大家来说可能都不陌生。而这项研究描述了一些现象：一是重视耗时的消息编写，也就是说假如我花很长时间编写与某个人对话的消息，那就说明我很重视对方；二是重视及时的信息回复，如果对方及时回复我的消息，我就会觉得对方在乎我，这是一个典型的解释主义研究。

---

① 粟花. 时间的亲密涵义：数字化情感交流中的时间体验及其关系意涵［J］. 现代传播（中国传媒大学学报），2021，43（5）：152－158.

【案例 2－3】《网络游戏作为约会平台：对 QQ 炫舞的批判性分析》①

研究问题：

为什么许多玩家会在玩 QQ 炫舞游戏期间产生恋爱关系？这些关系是如何产生的？QQ 炫舞为什么会作为约会平台被玩家接受？什么样的性与性别关系在书写这个约会平台的脚本？

研究方法：

研究中收集的民族志材料既包括 QQ 炫舞本身丰富的电子文本，即其系统规则、游戏模式、数码仪式、美学符号等，也包括基于面对面访谈和线上观察收集的对玩家经验的理解。

理论视角：

女性主义、酷儿理论、数码民族志。

研究发现：

（1）无论是游戏本身的设定（规则、替身人物的设计、仪式），还是玩家基于游戏规则付出的努力和再创作，都深嵌于中国特色的性别关系脚本当中。在这个性别关系脚本之内，数码行业的从业者获得了产品设计的灵感和性与性别意识的指导，生产出一系列以爱情为主题的、基于男女性别刻板印象的数码产品。

（2）这个脚本可以解释部分游戏玩家的行为，但不能囊括所有玩家的经验。因为游戏玩家不是性别关系被动的载体，玩家可以通过性别逆转、不顾部分游戏规则的方式重新书写适合自己的游戏脚本。

（3）在电子商务的浪潮之下，电子游戏与消费主义紧密联结，它鼓励人们通过虚拟物质的消费、礼物的赠予来表达与实现情感，这在游戏世界里都可找到投射。

上述案例是我的一篇论文，讨论的是使用网络游戏作为约会平台的现象。当时在 QQ 炫舞这款热门游戏中，玩家之间是可以结婚的。我在田野调查中发现，有很多打工仔、打工妹会先在游戏里面结婚，然后"奔现"（从网恋转为现实中的恋爱关系）。我当时提出的问题是"什么样的性与性别关系在书写这个约会平台的脚本？"这是一个非常典型的带有女性主义和酷儿理论色彩的研究，是处于批判和解

---

① 刘亭亭. 网络游戏作为约会平台：对 QQ 炫舞的批判性分析 ［J］. 社会学评论，2017，5（3）：87－96.

释之间的一种范式。

综上，三种不同的范式看同一块石头的角度是不一样的，看待恋爱也是不一样的。对恋爱的不同视角不仅体现在研究中，而且体现在我们的生活中。在择偶的过程中，实证主义视角的人可能会问：我的另一半有没有车？有没有房？他/她是哪里人？年龄要在什么范围内？是什么星座？在持有这类观念的人看来，婚配中最重要的就是这些人口学变量之间的匹配。

如果你的世界观是偏解释主义的，你可能会更关注人和人之间观点、感受的匹配，比如当伴侣看到同一本书、同一部电影的时候，会不会跟你有同样的想法；当伴侣面对某一件事情的时候，会不会采取和你一样的做法。

而如果你的世界观是偏批判主义的，那么你可能会觉得婚姻不过是一张纸，是父权和夫权主义的再生。你可能不会结婚，因为你认为两个人的感情不需要用一张纸来衡量。

这三种范式、三种世界观是非常不一样的。一个好的质性研究者的观念应该处在解释主义和批判主义之间，我们可以通过大量阅读去强化这些观念。培养这样的观念相比你是否会编写访谈提纲、是否会解码要重要得多，因为每个研究最终还是要通过论文的形式呈现研究成果的，而在写论文的过程中，你的世界观就会展现出来。

接下来，我们看看不同的范式是如何研究"电子游戏"这个课题的。

【案例 2－4】《基于技术接受模型的线上电子竞技观看意愿研究》①

研究目的：

以线上电子竞技观看意愿为研究对象，运用结构方程模型对观众的观看意愿进行分析。

理论视角：

技术接受模型、使用与满足理论和体育消费动机量表。

研究方法：

问卷调查（非概率抽样、量表、统计分析）。

研究结果：

对观众感知有用性产生影响的因素，按照影响程度大小排列，依次

---

① 王静，孙晋海，赵雅萍，等．基于技术接受模型的线上电子竞技观看意愿研究［J］．山东体育学院学报，2021，37（1）：58－66．

为休闲娱乐、社会互动、消磨时间及获取电竞知识。对观众感知易用性产生影响的因素，按照影响程度大小排列，依次为便利条件、系统质量。对观众感知有趣性产生影响的因素，按照影响程度大小排列，依次为替代性成就、戏剧结构及运动员的运动技能。感知易用性对感知有趣性的影响高于感知有用性；感知有用性、感知易用性和感知有趣性均正向影响观众的观看意愿。

像这样的实证研究也很重要，它是基于问卷调查和非常复杂的建模进行的，其模型建构如图2-2所示。关于图中箭头方向，研究假设箭头起始因素与箭头指向因素正相关。我们可以简单了解一下。

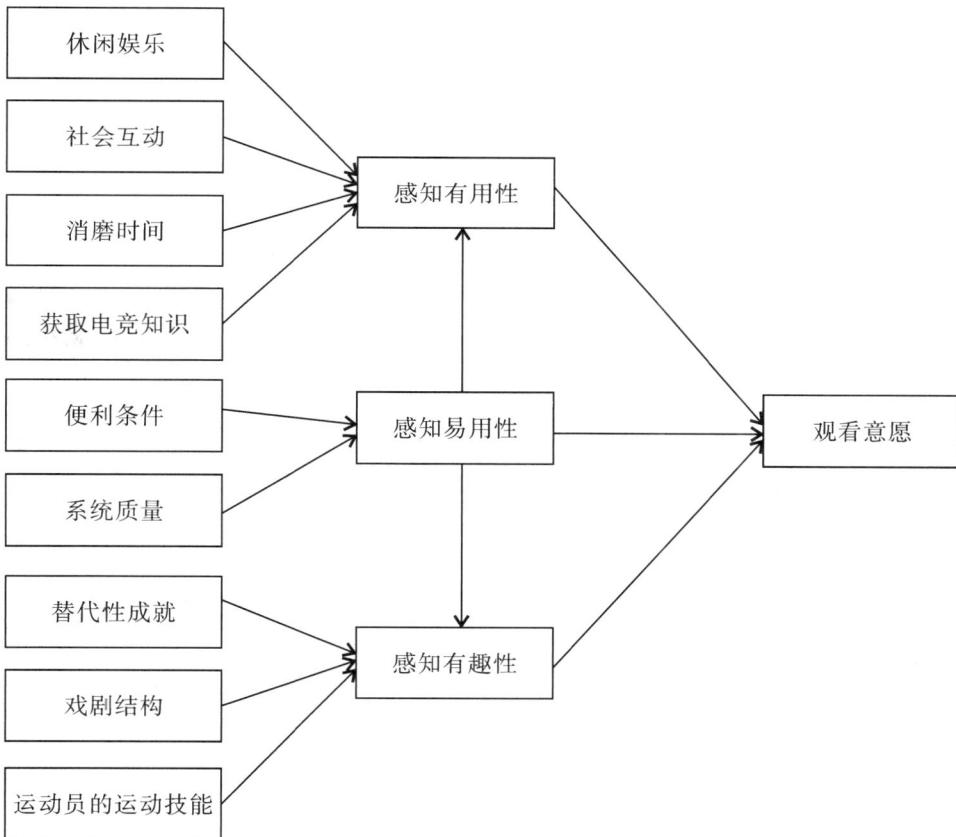

图2-2　线上电子竞技观看意愿概念模型

【案例 2-5】《新生代农民工在网络游戏中建构的身份认同：基于对
13 位〈王者荣耀〉新生代农民工玩家的访谈》①

研究目的及方法：

通过对 13 位《王者荣耀》新生代农民工玩家的深度访谈，考察这一
群体的游戏史与网络行为特点。

研究发现：

（1）在网络游戏中获得"满足"：缓解重复劳动的压抑、抵御"城市
打工者"的孤独、获取虚拟阶层上升的情感体验。

（2）基于网络游戏建构的身份认同：受圈层影响的社交与消费；与父
辈文化的断裂与超越。

（3）新生代农民工在网络游戏文化中自主创造的"意义"是微弱的、
缺乏抵抗力的，最终难逃游戏资本的整合。游戏内，他们沦为"受众商品
论"中的"商品"；游戏外，网络游戏又创造了"代练""游戏主播"等
看似自由甚至可以走红的职业，用"成名的想象"召唤着更多在现实中走
投无路、期待超越父辈的青年玩家卷入消费文化的浪潮。

这是一个解释主义加批判主义的研究。这项研究前半部分主要是基于解释主
义，关注农民工玩家在网络游戏当中得到了怎样的满足，并且对他们的满足感进
行了简单分类，如缓解重复劳动的压抑、抵御"城市打工者"的孤独，以及获取
虚拟阶层上升的情感体验。在这项研究中，解释主义的视角意味着它关注的不是
电子游戏本身，而是研究对象为什么会玩电子游戏，以及他们在电子游戏中得到
了哪些体验。

【案例 2-6】《从"电子海洛因"到"中国创造"：〈人民日报〉游戏
报道（1981—2017）的话语变迁》②

研究目的：

从文本（text）、话语实践（discourse practice）、社会文化实践（socio-

①　方晓恬，窦少舸. 新生代农民工在网络游戏中建构的身份认同：基于对 13 位《王者荣耀》新生代农
民工玩家的访谈［J］. 中国青年研究，2018（11）：56-61.
②　何威，曹书乐. 从"电子海洛因"到"中国创造"：《人民日报》游戏报道（1981—2017）的话语变
迁［J］. 国际新闻界，2018，40（5）：57-81.

cultural practice）三个层面，去理解不同时期内围绕"游戏"的媒体话语和社会现实之间的相互建构。

研究方法：

研究以《人民日报》提及"游戏"的图文内容为研究对象，对 37 年的 1 718 个报道样本展开历时性的分析。

研究问题：

中国主流媒体的代表——《人民日报》37 年如何报道游戏和建构游戏形象？

研究发现：

20 世纪 80 年代，"基层群众文化建设""丰富职工业余生活"占据主导，90 年代开始出现"电子海洛因"的污名，21 世纪初"危害青少年"占据主流。如今，"载舟覆舟""产业经济"与"文化自信""中国文化走出去"等主流话语相融合。《人民日报》游戏报道话语变迁背后，折射了数字游戏在中国的社会认知乃至意识形态转向；而这一转向的每一时刻，又无不浸润在媒体话语实践的影响之中。

这是一个很典型的批判主义范式研究，它关注的是《人民日报》对于游戏的报道。一项好的批判范式研究首先要把收集得到的经验资料与宏观的社会潮流对话，这项研究就对《人民日报》进行了话语分析。这是质性研究当中非常重要的研究方法。

研究发现，在 20 世纪 80 年代，相关报道会把游戏评价为"基层群众文化建设"和"丰富职工业余生活"，到了 90 年代就开始出现"电子海洛因"的说法。进入 21 世纪后，"危害青少年"的框架占据了主流，但与此同时，它又与"文化自信"和"中国文化走出去"等主流话语相融合。这项研究把公共空间中的争论摘出来，然后解释为什么会出现这些话语。这是非常典型的批判主义范式研究。

最后，我们再来看几个与《甄嬛传》相关的研究案例。

《甄嬛传》相关的实证主义研究比较罕见，这里选择了一个和影视相关的研究，探讨影视剧中吸烟的镜头对于大学生的情感偏向有什么影响。同类型的研究课题还包括电影中的暴力内容会不会影响观众的暴力行为，色情镜头会不会影响儿童的心理健康等，这是实证主义研究中特别重要的一类。

其实网络上有一些探讨《甄嬛传》的帖子也是偏实证主义的，如考证甄嬛在某一年穿的服装是否符合历史，这是一种非常有意思的讨论。实证主义研究的目的就是要呈现客观事实。

【案例2－7】《当代大学生对影视剧中吸烟镜头的认知态度与情感偏向研究：基于涵化效果与"第三人效应"现象的实证分析》①

研究目的：

分析讨论大学生群体如何认知影视剧中的吸烟镜头，对剧中不同类型人物角色的吸烟镜头有何情感倾向，吸烟镜头对他们的诱惑力或影响力是否会影响他们的吸烟行为，以及他们如何看待政府对影视剧中吸烟镜头的管理等。

研究方法：

问卷调查，实验法（非概率抽样、问卷、统计分析）。

研究结果：

影视剧中吸烟镜头总体上对于大学生群体没有造成较大的不良影响。大学生群体对于影视剧中的吸烟镜头是比较包容的，70.8%的受访者赞同剧中角色抽烟行为是为表现人物心理性格、塑造人物形象或为剧情服务，而不是哗众取宠。

【案例2－8】《论新媒体时代热播电视剧的"碎片化"接受特征：以电视剧〈后宫甄嬛传〉为例》②

研究目的及方法：

研究以热播电视剧《后宫甄嬛传》为例，采用内容分析的方法，对受众的"碎片化"接受特征进行分析和探讨。

样本选择：

百度贴吧中的"后宫甄嬛传"贴吧。

研究发现：

（1）离散性：受众关注元素的离散性较高。

---

① 江凌，姜博伦，颜叶清. 当代大学生对影视剧中吸烟镜头的认知态度与情感偏向研究：基于涵化效果与"第三人效应"现象的实证分析 [J]. 新闻与传播研究，2014，21（4）：89－103，127.
② 张红军，王瑞. 论新媒体时代热播电视剧的"碎片化"接受特征：以电视剧《后宫甄嬛传》为例 [J]. 现代传播（中国传媒大学学报），2012，34（10）：50－54.

（2）多样化：受众关注元素的意见趋势多样。

①角色认同多样化，对主角的态度褒贬不一，对配角人物倍加关注，对男女形象的态度发生转变。

②观众对历史真实性与历史现实性的态度产生分野，包括对历史剧中细节真实性的追求或忽略，对历史剧与现实关系的不同态度。

（3）互动性：受众对角色形象及剧情的个性化创造及演绎。

这项研究通过分析"后宫甄嬛传"贴吧中的帖子，了解观众是怎么看这部电视剧的。这是一个比较典型的解释主义研究，它虽然不是采用访谈法，但同样关注人的观点和态度。

【案例2-9】《麝香的力量：〈甄嬛传〉中的性别、生命政治学和戏剧性想象》（The power of aroma：gender，biopolitics and melodramatic imagination in The Legend of Zhen Huan）①

研究问题：

（1）为什么这么多观众，包括采访线人，会将《甄嬛传》和他们现在的经历建立如此强烈的联系？

（2）以甄嬛对麝香的使用为例，探讨为什么观众认为《甄嬛传》中的性别规范、甄嬛的抵抗方式也可以应用于现代社会？

研究方法：

作者的数据来自两个研究项目：国有企业改制对工人的心理影响的民族志研究、关于中国政府中层官员的"心痛"（包括道德困惑和精神困扰）的研究。此外，作者还收集了与《甄嬛传》相关的媒体材料，包括博客文章、在线帖子和官方评论。最后，为了分析数据并回答研究问题，作者转向了生物政治、情节剧和香气方面的文献。

研究结论：

（1）《甄嬛传》对香气如何在宫廷政治中发挥作用的微妙描绘，不仅通过感官和身体的渗透，巧妙地捕捉到了控制是如何运作的，而且强调了"心灵的智慧"使用——一种更全面（包括感官）的政治参与方法。最重

① YANG J. The power of aroma：gender，biopolitics and melodramatic imagination in The Legend of Zhen Huan [J]. Feminist media studies，2021，21（5）：707-720.

051

要的是，《甄嬛传》为反对派提供了想象的可能性。这些可能性并不倾向于直接、有力的对抗，而是通过高度传统的技术和性别规范等社会结构，引导和优化作用于人们的力量。

（2）像甄嬛这样的妃子将其作为一种渗透和情感的力量，来挑战皇帝和他的同盟者的统治和生物权力。这种微妙的力量对采访中的那些女性群体很有吸引力。她们都看过这部剧，认为甄嬛的策略很鼓舞人心，为她们的想象力和洞察力提供了燃料，以应对日常生活中潜在的反抗和抵抗。

（3）《甄嬛传》反映了中国重新定义性别角色的更大趋势。在这种（国家设计的）趋势中，女性气质是多元的、多样化的和建设性的。女性观众并没有将指定的基本性别角色仅仅视为剥削和歧视的来源，而是受到启发，将她们感知到的性别灵活性作为自我赋权和政治参与的新武器进行战略规划，并优化她们的女性角色。

这篇论文的阅读难度应该是本书所涉及的文章里面最高的，它是一个极具批判主义范式的研究，其背后蕴含着更深刻的生命政治学的概念。

访谈法是解释主义范式下的一种重要研究方法。解释主义兴起的背景就是民主精神的提倡。比如我们在上一节提到，原来的科学研究只是为一小撮人服务的，但是解释主义会关注之前不受关注的人的声音，关注弱势者生活在怎样的世界，以及他们如何理解自己的生活。这类研究实际上具备一种赋权的功能，让弱势者的世界被看到。

解释主义的方法还能做到更落地的经验研究。很多实证主义研究的前提条件是研究者去发问卷、做实验，但是实际上最终进入研究范围的人其实是少数。相比之下，借助解释主义的方法，比如访谈法、民族志，我们能做更落地的经验研究。解释主义研究也非常讲求"烟火气"，通过人的生命故事，以小见大，用小的切入口去展示大的历史洪流。

以上就是解释主义兴起的背景，我们会在第六章选择一个研究进行深入分析。

第二节　质性研究方法的类型

本节我们通过一些案例来了解不同类型的质性研究方法。现实中的很多研究会综合使用多种研究方法。

一、访谈法

质性访谈（深度访谈）是一种为特殊目的而进行的谈话。我们在第一章中已经谈到了访谈法，现在应该能更强烈地意识到它的解释主义倾向。访谈法着重关注受访者个人的感受、生活与经验的陈述，借由访谈者（研究者）与受访者（被研究者）的对话，去了解受访者个人对社会事实的认知。

根据研究过程，访谈主要分为结构式访谈、半结构式访谈、非结构式访谈，以及团体访谈或焦点小组访谈（focus group interviews）。[1]

举例来说，我们在第一章提到的《手机里的漂泊人生：生命历程视角下的流动女性数字媒介使用》这项研究，使用的就是田野观察、焦点小组访谈和非结构式访谈。那么，这项研究当中是怎么应用非结构式访谈的呢？

2016 年 7 月和 8 月，研究者章玉萍通过社工机构的协助，在深圳、东莞和广州组织了 5 个焦点小组。每个焦点小组的参加人数有 4~8 人，讨论时间长度为 1~2 小时，成员总数为 30 人。参与焦点小组的女性大多来自广东省农村地区或中西部省份的县城和农村，年龄在 20~50 岁，均未接受高等教育。在焦点小组实施的前后，研究者与社工、参与者都进行了非正式的聊天，并查看了她们的手机界面和微信界面，以获取更多信息。整个焦点小组的讨论过程以语音形式进行了记录，讨论内容随后被编码。[2]

① HILL C E, THOMPSON B J, WILLIAMS E N. A guide to conducting consensual qualitative research ［J］. The counseling psychologist, 1997, 25（4）: 517 – 572.
② 章玉萍. 手机里的漂泊人生：生命历程视角下的流动女性数字媒介使用 ［J］. 新闻与传播研究，2018，（7）: 49 – 65，127.

通过这个案例，我们可以看出这种类型的研究是怎样交代研究方法的。接下来我们看看它得出了怎样的结论。

> 根据章玉萍的记录，虽然每位受访者都有智能手机，手机也是她们最常用的数字移动设备，但她们的手机使用行为往往被各自的工作种类和生活环境所形塑，并展现出惊人的多样性。[①]

二、观察法

观察法是一种每天都可以使用的方法，毕竟我们每天都可以看到别人正在做什么。实际上，观察法主要包括两种：一种是参与式观察（participant observation），研究者亲身体验研究对象的生活，比如进入工厂里，跟工人一起上班、一起住；另一种是非参与式观察（non-participant observation），研究者和研究对象一起去做一件事情，但不直接参与，比如到直播间观看直播，但没有和主播一起直播。

参与式观察是在社会情境中体验和记录事件的手艺。[②] 它是一种具体的实践，研究者在一个持续进行的基础上与他人共同在场，他们以目击者和共同参与者的身份，加入他人的生活中。[③]

参与式观察让研究者理解参与者如何看待社会世界——主要是通过持续而有心的互动引出他们用来建构、关联有异议的现象的诠释图式。[④] 观察者要运用自己的经验和知识，去想象成员们做出特定行为的动机。如今，参与观察法和质性访谈法已运用在诸多社科领域，包括管理学、政治学、传播学、社会学。

在非参与式观察中，研究者主要关注对方所处的生活环境，或者经历的重要事件。举例来说，这样的重要事件可能是直播开播、工人罢工或者工厂裁员，工人离开工厂回到老家。在这样的事件中，如果你在现场的话，就能够得到非常多的记录。传播学中还会有现场的观察，比如有些人研究音乐会、Livehouse（音乐空间），他

---

① 章玉萍. 手机里的漂泊人生：生命历程视角下的流动女性数字媒介使用 [J]. 新闻与传播研究，2018，（7）：49－65，127.

② GANS H J. Participant observation in the era of "ethnography" [J]. Journal of contemporary ethnography，1999，28（5）：540－548.

③ EMERSON R，FRETZ R I，SHAW L. Writing ethnographic fieldnotes [M]. 2nd ed. Chicago，IL：University of Chicago Press，2011.

④ LIBERMAN K. From walkabout to meditation：craft and ethics in field inquiry [J]. Qualitative inquiry，1999，5（1）：47－63.

们就会到现场观察音乐人怎么安排一场演出。又比如有些人的访谈对象是 YouTube 博主，主要通过对方发布的视频来做研究，这也属于一种非参与式观察，称为"线上观察"。

下面这项研究就采用了观察法。研究者去了珠三角的两个城市，各选一家工厂进行调查，主要观察研究对象的生活经历，并进行了访谈。

【案例 2 - 10】《从"一元主体"到"多元主体"："90 后"打工女性主体的类型学分析》①

研究问题：

从"认知"和"资源"两个角度思考：为什么不同类型的女工面对相同社会结构会采取不同的行动策略？

研究内容：

通过比较三种类型的打工女性在"认知"和"资源"上的不同，来分析"90 后"打工女性内部三种不同的主体类型——"消极性主体""混合性主体"和"生成性主体"的差异，从而为思考"90 后"打工女性个体与社会结构之间的关系提供可能。

研究对象：

"90 后"打工女性。选择她们的聚集地区作为田野地点：珠三角的两个城市（深圳和广州），在两个城市各选择一家工厂进行调查。受邀正式接受访谈的有 50 位工人，其中接受研究者观察其生活经历的有 16 位，女工为 10 位，男工为 6 位。这些工人的年龄为 16 ~ 20 岁。

研究意义：

在经验与理论的不断对话中，通过批判、修正现有理论，形成自己原创的"多元主体"框架。对于改变城乡、阶层和性别不平等相互交织的社会结构具有一定的实践意义。

可以看出，参与式观察和访谈经常会在同一趟田野当中发生，但并不是每个人都愿意在接受访谈之余，还同意研究者观察他们的生活。

---

① 苏熠慧. 从"一元主体"到"多元主体"："90 后"打工女性主体的类型学分析［J］. 妇女研究论丛，2021（6）：44 - 57.

三、民族志

民族志（ethnography）原先是人类学的一种方法，这个词由人种（ethno）和书写（graphy）两个单词构成。民族志不仅是人类学者相当倚重的研究方法，而且是一套独特的价值体系，影响着非虚构写作、基层工作考察和用户体验研究。

民族志研究的内容，是系统描述一个文化的产生与发展，描述与该文化有关的人、事、时、地、物等因素的交互和相互影响，并解释其中的意义。民族志研究的目标，是在一个具体文化情境的"第一手经验和探究"的基础上，对意义系统和社会实践之间可观察的关系进行描述和诠释。[1]

民族志和采取干预手段的实验法恰恰相反，它强调长期沉浸在所调查的文化中，收集人们在不受研究者干涉的自然情况下如何生活的信息，了解社会实践对实践者的情境意义，然后对这些信息进行厚描（thick description）[2]，展现丰富的细节。前面提到的访谈法也是民族志方法中非常重要的一环。

下面我们再以前面在【案例2-3】分析过的我的一篇论文——《网络游戏作为约会平台：对QQ炫舞的批判性分析》[3] 为例，来看一篇典型的民族志研究是怎么写的。这篇论文采用的研究方法就是民族志与深度访谈，通过解释主义和批判主义的研究范式展开。

在写这篇论文的时候，我就住在"田野"里面。我发现工人们在上班的时候不能用手机，下班之后常常到网吧玩游戏。很多人在网吧里玩的是QQ炫舞，还可能"奔现"。我做的民族志就包含两个部分：一是线下民族志，也就是他们在网吧里是怎么玩的；二是线上民族志，即他们在线上怎么体验游戏的各个环节、各个模式。

在这项研究中，我主要关注的是游戏内部关于婚姻的脚本是怎么来的。可以在哪里看到这些脚本呢？当时在游戏的聊天界面和公共论坛里面，有很多玩家发布的征婚广告，例如下面这条：

---

① ATKINSON P, COFFEY A, DELAMONT S, et al. Handbook of ethnography [M]. London：Sage，2001：4.

② GEERTZ C. The interpretation of cultures [M]. New York：Basic Books，1973.

③ 刘亭亭. 网络游戏作为约会平台：对QQ炫舞的批判性分析 [J]. 社会学评论，2017，5（3）：87-96.

本小女某某，97级，学生，16岁，找个100级左右的，16到19岁的就OK，主要是真心，包不包婚都可以，从朋友处起，我愿意为你改名，进同一舞团，有意者加QQ（××××××），富男加分。

当时这样的广告非常多，可能是因为里面的角色（avatar）结婚之后一起跳舞会得到更多成长值，大家都在游戏里频繁地结婚和离婚。通过这样的征婚广告，我们可以了解玩家想要找什么样的人结婚，从中推测出一种关于婚恋的脚本。研究发现，这个脚本首先是非常功利主义、物质主义的，而且是女性上嫁（marry-up）的脚本。其实在游戏世界里，女玩家完全可以跟等级相同或者更低的人结婚，但她们还是会觉得"我是个女生，我想要找比我强一点的人结婚"。游戏本身没有规定求爱和结婚的游戏需要由男方主动。我的访谈发现，游戏的玩家全部都认为：游戏中，因角色结婚产生的费用由男生买单是常理，不让男生买单是妥协。也就是说，戒指通常由男性玩家购买，情侣服通常由男性玩家购买；求婚通常由男性玩家发起，预订婚礼房间也由男性玩家操作。

游戏中像这样的征婚广告，以及婚礼现场丰富的视听文本（audio-visual text），都属于民族志材料。我们还可以从这些材料中看出玩家怎么看待游戏当中的婚姻。有些人只把它当成游戏的一个环节，而有些人会把对方当成真爱，其中反映的是玩家对于游戏内外的亲密关系不一样的认识。还有，有什么东西是可见的、占据主流声音的？又有什么东西被隐藏起来，或者被矮化、贬斥了？这些都是批判主义范式特别关注的问题。

在这项研究里，玩家们的游戏体验大致可以简单地分为以下几个场景：

"我单纯在玩这个游戏。"一些玩家知道他们有权利与游戏中的异性玩家结婚，也会因为结婚而获得更多的积分，但他们没有在游戏中和任何人结婚。有些玩家解释说，"结婚需要花钱"。

"只是玩游戏而已。"有些玩家承认他们在游戏中结过不止一次婚。但无论是结婚还是离婚，都只是为了获得游戏中的"恋爱值"，丝毫不涉及现实中的情感。

"我们是真爱。"有像陈欣和小伍这样屈指可数的玩家成功地将线上（虚拟的）邂逅转化成了现实生活中长期、稳定、固定的关系。另一个与笔者在网上交谈的男性玩家甚至告诉笔者，"玩QQ炫舞，你能很容易地泡到对你也有好感的女孩"。

"我也不知道这算不算爱情。"这是大多数在游戏中有过恋爱关系、结过婚、离过婚的玩家的观点。

总体上，民族志不太关心用数字来表达的研究数据，更关注人的诠释、人的经验、人的生活方式。但人类学也不是完全不看数据，比如这篇论文也会提到，当年这个游戏有多少日活量、多少相关论坛等。

四、档案法

档案是质性研究中很重要的材料，是民族志中重要的一环。如果要进行关于历史的研究，就需要很多档案。一些经验研究也会用到档案，比如我们现在看电影《霸王别姬》，关于它的文本研究已经很多了，但是如果想了解它当时是怎么拍出来的，就需要查看当时的场务记录，看看当时导演每天开会都讲了什么，这些记录就是非常好的档案。又比如当我们做地方志研究的时候，首先要了解这个地方的历史档案，比如说县城一共有多少人、什么时期闹过饥荒等。

【案例 2 - 11】《纳粹之眼：1938—1939 年德国塞弗尔西藏考察队影像档案研究》[①]

研究对象：

20 世纪 30 年代中国西藏的传统社会生活与宗教、文化样貌。

资料来源：

1938—1939 年，在德国纳粹党卫军首领的支持下，德国一考察队秘密深入中国西藏探险，将拍摄的 2 万张照片、1.34 万米电影胶片，剪辑成一部长达 100 分钟的纪录片《神秘的西藏》，构成研究的影像档案。

档案研究能够帮助我们了解某段历史对于今天的意义。比如这项研究就发现：

纳粹时期的德国电影观众在这部影片当中，看到了一个自我的反面镜

---

① 朱靖江. 纳粹之眼：1938—1939 年德国塞弗尔西藏考察队影像档案研究 [J]. 北京电影学院学报，2019（9）：78 - 86.

像——在象征着"纳粹"的字符下，是一幅时代、观念与文化全然倒置的中世纪社会图景：狂热，愚昧，与虚假的神灵共舞，令他们在窥视东方奇观的过程中，再一次自我确认与自我反思——但是且慢，他们又何尝不是如此盲目地信仰与生活在纳粹军旗下？

五、口述史

口述史（oral history）有点像前面提到的访谈法，但它更倾向于研究一个人的整个人生历程，了解一段集体记忆如何产生。西方的《荷马史诗》和中国的《史记》实际上可以被看作一种口述史，但它们所关注的是英雄和达官贵人，那些被历史淹没的声音是听不到的。我们现在所说的口述史主要关注弱势群体，从中了解社会记忆是如何被建构的，比如战争受害者的口述史。很多纪录片也会以口述史的方式来呈现，形成一种典型的民族志。

20 世纪 40 年代前后，口述史成为一门现代意义上的、具有严格定义和规范的专门学科，到六七十年代在西方各国广泛传播，此后在世界各地迅速发展起来。它的意义主要有以下三个方面：

（1）民主性：能够通过口述史听到普通人/无法发声者的声音；

（2）合作性：受访者和访谈者之间相互作用（interaction），共享主权，历史不再是作为主体的研究者的"专利"；

（3）动态性：作为表明社会记忆是如何被建构的珍贵证据。

但口述史也有它的局限。由于记忆或遗忘的社会机制，表面叙述也可能是共同体当前的自我认识（集体记忆）被强加于过去的结果。

下面我们来看一个口述史的案例。

【案例 2 - 12】《与精神分裂症患者生活：应对、韧性和目的》（Living with schizophrenia：coping，resilience，and purpose）[①]

研究背景：

非专业人士和专业人士都认为，精神分裂症患者以自我为中心，缺乏洞察力和同情心，没有信任和依恋的能力。精神分裂症患者通常被污名化，

---

① CRANE L L，MCDONOUGH T A. Living with schizophrenia：coping，resilience，and purpose［J］. The oral history review，2014，41（1）：27 - 47.

被忽视，无法或难以发声。

研究方法：

口述史方法，由精神分裂症患者直接向精神卫生专业人员和公众讲述。

研究过程：

（1）招募讲述者（narrators）：宣讲项目、派发传单、自愿参与、知情同意（讲述者处于理性状态、同意书语句清晰明了、给予充分理解时间、符合伦理）；

（2）讲述：讲述者选择讲述地点、自己的称呼，录音/录像知情同意；

（3）数字转录后讲述者进行校正（correction）。

关于精神分裂症有很多以实证主义导向为主的医学研究，但很少有研究项目会关注精神分裂症患者究竟怎么看待自己的疾病。我们来看看这项研究对受访者提出了哪些问题：

（1）对你来说，典型的一天是什么样的？

（2）你最美好的记忆之一是什么？

（3）你生活中最美好的部分是什么？

（4）你生活中最糟糕的部分是什么？你觉得什么是最困难或最具挑战性的？

（5）如果你的生活有什么可以改变的，会是什么？

（6）你平时都做些什么？

（7）你想做什么？

（8）告诉我们一些关于你的童年的事情，那是什么样子的？

（9）你最想让人们了解你和你生活的什么？＊

（10）这次采访的经历对你来说是什么样子的？＊

（11）你是否找到了应对疾病症状的方法？

（12）你是如何学会这样做的？

（＊即对每个叙述者提出的问题）

下一章会详细介绍如何准备访谈提纲，我们现在先来关注这项研究提出了哪些问题。标有星号的两个问题是对每个叙述者提出的，这在认识论里面是一种互动主义的做法。也就是说，研究者不是单方面地创造知识，而是和被研究者共同去塑造知识。

再来看看这些问题得到了怎样的答案：

安珀认为在确诊后，她的幻觉变得有意义了："我妈妈有一阵子认为我是个疯子。……我24岁以后就没再去医院了，因为我，我不想成为那里的人之一。你知道，那些绕着圈子走的人，他们只是低头看着地板，他们没有什么可期待的。我不想成为这些人中的一员。"

面对幻觉症状，保罗说出他的应对策略："不要回应，不作反应，只要静静地坐着，等着它们自行结束。"

德里克陈述："尽管……我心理失衡了，我被诊断为偏执型精神分裂症……我永远希望他们记住我，无论我在生活中经历了什么，我还是那个善良、有爱心的德里克，我不会为这个世界上的任何事情而改变。"

雪莉自出生两个月开始被父亲、叔父、兄弟性侵，她说："我来这就是为了告诉女性们，我就是一个坚强的幸存者例子。如果我可以挺过来，那你也可以。"

六、其他质性研究方法

最后我们再简单介绍一些其他的质性研究方法，主要包括案例研究和行动研究。

案例研究就是选择典型案例进行研究，在文化研究当中比较常用。比如我们要研究同人文写作，那么就可以选择几个典型作品来回答研究问题。案例研究也可能结合其他研究方法一同进行，比如访谈法、非参与式观察法。

有人可能要问，对单一案例做研究，足够有说服力吗？在学术写作中，如果只写一个案例，在同行评审中可能会被评价为不够有说服力，这种情况就需要再补充两三个案例。但如果你研究的案例是唯一的，也可以在论文中论证它的唯一性和代表性。

行动研究会对案例或范围深度解读，关注解决关乎社会公平、正义的问题，认为研究本身是改变社会行动当中的一环。一个典型案例就是拯救环境运动，这类研究的目的不仅仅是发表论文，它还希望减少碳排量。

行动研究方法更为激进，目前在国内还比较少见，主要是一些激进学派采用的研究方法，在文化研究当中更常用。行动研究兴起的背景就是非虚构写作在当代的全面兴起，接下来我们就来探讨这个课题。

第三节　非虚构写作的当代发展

如今，随着互联网的发展，整个写作模式也发生变化，出现了一些有影响力的非虚构写作平台，比如"在人间 living""真实故事计划"等微信公众号。非虚构写作主要通过观察和访谈来记录正在发生的事实，它的流行与当代访谈法和解释主义的兴起密不可分。

非虚构写作具有以下特点：

（1）写作模式：放弃记者自采型的模式，信奉"每个人都可以成为生活的记录者"。

（2）写作要求：作者应保证作品内容（包括但不限于人物关系、事件经过、细节发展等所有元素）的真实性，保证作品不存在任何虚构内容。对于文章内容，作者应提供相应证明材料，证实信息的真实性。

（3）写作素材：生活中一切鲜活的内容抑或是叙事宏大的社会故事，包含城市发展、市场行情、被骗经历、食物故事、情感故事、中年人生活、老年人生活、人生体验等。

质性研究的写作与非虚构写作非常相似，只是学术研究对于文章的理论性和批判性要求更高。一方面，有的研究者可能会发现，访谈之后很难对材料进行理论的升华，这时候可以尝试先把材料整理成一篇非虚构作品；另一方面，如果不知道怎么写作、怎么从访谈中挖掘出人的故事，也可以通过阅读非虚构作品来提升这方面的能力。

非虚构写作平台中的材料，也可以作为档案或者案例研究的素材。非虚构写作和纪录片都能帮助我们增加对真实社会的了解。一些好的非虚构作品的题材本身就可以成为非常好的质性研究的课题。

下面简单介绍几篇有意思的非虚构作品。

【案例 2 – 13】《摇滚人的"通俗"日常》①

发布平台：

"在人间 living"微信公众号

写作目的：

中国摇滚乐在 20 世纪 90 年代曾经达到巅峰，相较于高关注度的"魔岩三杰"、崔健、唐朝乐队这样的摇滚明星，作者选择将视线投向那些同样优秀、专注于音乐本身、没有时常出现在大众视野里的音乐人，呈现他们在艺术与生活、理想与现实之间匍匐前进的故事。

旨在探索的问题：台下的摇滚人到底是什么样的？是否容易交流？是不是传说中的开豪车、住别墅？是不是脾气暴躁，聊得不爽就掀桌子、砸椅子？

【案例 2 – 14】《直播间里的老年爱情》②

发布平台：

"在人间 living"微信公众号

写作背景：

（1）《"十三五"国家老龄事业发展和养老体系建设规划》指出，2020年中国 60 岁及以上老年人口将增加到 2.55 亿人左右，其中独居和空巢老年人将增加到 1.18 亿人左右，单身老年人数量占据一定的比例。

（2）单身老年人找伴侣存在匹配难度大、欺诈陷阱多、征友应用不适用等问题，于是红娘直播间开始兴起。

写作主题及目的：

呈现一个通过直播间找寻自己爱情和婚姻的独身老人的故事。

【案例 2 – 15】《老来生子：孩子两岁，我 71 岁》③

发布平台：

"真实故事计划"微信公众号

① 蛊师. 摇滚人的"通俗"日常［EB/OL］.（2019 – 03 – 13）［2024 – 01 – 23］. https：//mp. weixin. qq. com/s/KjxPqtpZZc Qd8O0lh8USgg.

② 吴皓，刘雀. 直播间里的老年爱情［EB/OL］.（2021 – 04 – 21）［2024 – 01 – 23］. https：//mp. weix-in. qq. com/s/D2mOWHCNohz6p9KFrN29QQ.

③ 周婧. 老来生子：孩子两岁，我 71 岁［EB/OL］.（2022 – 03 – 21）［2024 – 01 – 23］. https：//mp. weixin. qq. com/s/YDuETrub_YEfrv7gG3g – g.

写作背景：

鼓励生育是眼下的热门议题，少数老年人也在生娃这件事上跃跃欲试。

故事介绍：

山东枣庄的黄维平、田新菊夫妇在 2019 年以超过 65 岁高龄诞下女儿，创造了国内自然受孕的年龄纪录。老来产女给家庭内带来了连锁反应：已成年的一对儿女无法接受，一度与父母断绝关系。

写作目的及主题：

文章旨在呈现"老来生子"这一举动给一个普通家庭带来的改变和影响。高龄父母为了养育新生儿做出了哪些努力？年迈的父母如何考虑年幼孩子以后的生活？除父母外的其他家庭成员（儿子、女儿、孙女等）如何看待这个新生命的降临，其中涉及哪些伦理问题以及情感的冲突和矛盾？

【案例 2 – 16】《被裁员的猫》①

发布平台：

"真实故事计划"微信公众号

写作背景：

（1）在国家大力支持万众创业的年代，养猫在中小创业公司中形成一股潮流。小猫们被领回公司，有的被当作"安慰剂"福利，写进创业公司的招聘启事；也有的作为团队吉祥物，参与团队新媒体账号、卖货直播等对外宣传工作。"司猫"成了创业红火年代的一种象征。

（2）然而，随着经济发展遭遇困难，叠加疫情，许多中小企业无力发展，生存维艰，"司猫"不再拥有安稳优渥的环境。风急浪高，倒闭、裁员的消息步步紧逼，员工忙于生计无暇顾及其他，"司猫"们也遭遇弃养。

写作目的及主题：

文章以"猫"作为切入口，呈现如今创业就业市场的兴衰与起伏。

（1）宠物猫不仅仅是都市人的情感安慰剂，也有可能成为创业的"帮手"、公司团队成员的"黏合剂"、留住年轻人的情感联系。

（2）然而在市场不景气、疫情等诸多影响因素的作用下，创业场上很多中小企业开始裁员、倒闭的同时这些"司猫"也将面临同样未知的"命运"和

---

① 宋春光. 被裁员的猫［EB/OL］.（2022 – 06 – 02）［2024 – 01 – 23］. https：//mp. weixin. qq. com/s/wBMgGVOkEbu4 TnNzfmOehg.

"安排"。有的可能被公司负责人收养，有的则可能因为没有名贵血统而被遗弃，有的可能从宽敞的公司环境进入狭小的收养空间而患上了抑郁。

（3）从猫身上看到了人的痕迹和经历，从而反思整个创业风光褪去后的唏嘘与无奈。

第四节　访谈法的类型和目标

我们在本章第二节中提到了不同类型的质性研究方法，本节将重点对其中的访谈法进行详细介绍。

一、结构式访谈

结构式访谈，又称"标准化访谈"，是一种对访谈过程高度控制的访问。访谈对象必须按照统一的标准和方法选取，一般采用概率抽样。结构式的过程是高度标准化的，即对所有受访者提出的问题、提问的次序和方式，以及对受访者回答的记录方式等是完全统一的。需要注意的是，不论是定性研究还是定量研究，都可能会涉及对结构式访谈的使用。

结构式访谈的优点如下：第一，访问结果方便量化，可作统计分析；第二，回收率高，且回收问卷的应答率也高；第三，采访者能在回答问题之外对受访者的态度行为进行观察，因此可获得自填问卷无法获得的有关访问物件的许多非语言信息。

但是，结构式访谈也有以下缺点：第一，与自填式问卷相比，结构式访谈费用高，时间长，因而往往使调查的规模受到限制；第二，对于敏感性、尖锐性或有关个人隐私的问题，它的效度也不及自填式问卷。

结构式访谈经常用在医学、社会工作当中，在社会学、人类学研究中较少使用。结构式访谈实际上是一种问卷调查，只不过被研究者没有办法独立完成问卷，需要研究者通过访谈得出问卷的答案。

下面我们来看一个使用结构式访谈进行的心理学研究案例。

【案例 2 - 17】《儿童假装游戏中假想角色现象初探》①

研究主题：

调查幼儿假装游戏中假想角色现象的概况，包括假想同伴和角色扮演现象。

研究目的：

客观地反映有角色扮演与假想同伴现象的儿童在想象力上的表现，旨在对幼儿假想角色现象进行初步探索，了解假想角色是否比较普遍、有什么特征等基本问题，为今后的研究提供基础性的经验资料。

研究对象：

4～5 岁儿童。

研究方法：

问卷调查、结构式访谈法。

研究设计：

采用结构式访谈，主要包括一般想象力评价调查、角色扮演游戏、假想同伴调查三个部分，共 16 个封闭式问题。

（1）一般想象力评价调查由反映儿童日常喜好的问题构成，如最喜欢的故事、电视节目、玩具、游戏（和他人一起），自己最喜欢做的事情，躺在床上是否会想些什么，是否会自言自语等。

（2）角色扮演游戏，要求儿童报告是否玩过把自己假装扮演成其他（人、动物等）的游戏，如果回答"有"，再询问频率。

（3）假想同伴调查是先给儿童呈现不同形式假想同伴的图片，以故事的形式解释假想同伴的概念，然后再问是否有假想同伴。如果儿童回答"有"，则再问细节，如假想同伴的形式、性别、年龄、外貌等。

（说明：为了更加严格地界定假想角色和角色扮演现象，研究综合家长和孩子两方面信息对现象进行判定。评判过程由两名对研究目的不明确的判断者独自进行。）

研究结论：

（1）42.7% 的儿童有假想同伴，绝大多数是玩具形式，女孩有假想同伴的比例更高。

---

① 李秀珊，李红，雷怡，等. 儿童假装游戏中假想角色现象初探［J］. 心理发展与教育，2009（2）：6.

（2）男孩倾向于选择动物类型的假想同伴，而女孩倾向于人物类型。

（3）假想同伴绝大多数为同性并且比自己年龄小。

（4）44.8%的儿童有角色扮演活动，其中男孩倾向于装扮动画中的英雄人物，女孩倾向于装扮现实人物。

二、半结构式访谈

半结构式访谈可以是量化导向或是质化导向模式的，主要由研究者利用较宽广的研究问题作为访谈的依据，导引访谈的进行。我们在接下来的课程中介绍的访谈技巧也主要针对半结构式访谈。

访谈提纲（interview guide）或访谈表通常在访谈开始前设计出来，作为访谈的架构。但访谈提纲的用字及问题顺序没有严格限制，最主要的内容与研究问题相符即可，而问题的形式或讨论方式采取较具弹性的方式进行。所以，半结构式访谈研究的可比较性降低，但它的优点是可以较为真实地呈现受访者的认知感受。

半结构式访谈经常用于口述史、调查式访谈、一对一的深入访谈以及焦点小组访谈。焦点小组主要指访谈者（interviewer）同时对多位研究对象进行访谈。焦点小组访谈的优点在于我们可以就某个问题与一个小群体进行探讨，比如粉丝研究的课题就特别适合做焦点小组访谈。但这种方法也有它的局限：一是在焦点小组内部，每个成员说的话会相互影响；二是团体内部可能会出现一个意见领袖，让其他人不敢表达自己的感受。所以，如果想要得到更独特、更个体化的声音，就需要采取一对一的访谈。

【案例 2 - 18】《性别是一种生产力：酒吧中的性别景观构建及维系》[①]

研究主题：

酒吧这一领域的消费实践新样态与社会关系形态。

研究问题：

（1）酒吧如何通过对感官和欲望的管理与开发来生产休闲娱乐产品？这种产品的特质是什么？生产与消费的关系在其中发生了何种变化？

（2）酒吧如何通过构建和维系性别景观，让男女两性主动参与更具体

---

① 刘子曦，黄燕华. 性别是一种生产力：酒吧中的性别景观构建及维系 [J]. 社会，2021，41（5）：153-179.

的个性化休闲娱乐产品的生产和消费过程？其中的运作机制又是什么？

研究方法：

参与观察法和半结构式访谈法。

（1）研究选取的受访者包括去酒吧休闲娱乐的消费者，也包括酒吧从业人员。共有31名受访者参与了访谈，其中包括20名女性消费者、4名男性消费者和7名男性酒吧工作人员。这些酒吧工作人员在工作前也都是酒吧的消费者。

（2）针对消费者的访谈内容主要包括：去酒吧前的安全考量和着装准备，在酒吧中的消费、玩乐和交友情况，对酒吧经营模式的了解、看法以及对主流酒吧性别化刻板印象的回应。

（3）对酒吧工作人员的访谈内容主要包括：在酒吧的工作经历，所在酒吧的定位、运营模式与策略，对不同客户的服务和处理各种状况的方式，针对男女客户不同的发展巩固策略及关系运营情况。

研究结论：

（1）以景观社会为视角，基于对酒吧经营策略与消费者体验的调查，提出"性别景观"与"互为景观"两个概念。

（2）构建与维系性别景观是酒吧盈利的核心策略，也是资本谋取利益的重要渠道。

（3）基于对主流性别文化的运作和对时间、空间的切割与重置，资本精心编排了以饮酒为依托的景观秩序，将女性和男性分别打造为情感体验的生产者和消费者，并在同性之间制造差异和分化，形成"中心—边缘"的核心秩序与颠覆主流性别文化的局部秩序。

（4）各性别主体与性别实践互为景观，相互配合，共同构建与维系了酒吧的性别景观。

三、非结构式访谈

非结构式访谈又称深度访谈或者自由访谈，可细分为正式访谈和非正式访谈。与结构式访谈相反，非结构式访谈并不依据事先设计好的问卷和固定的程序，而是只有一个访谈的主题或范围，由访谈者和受访者围绕这个主题或范围进行自由的交谈。非结构式访谈主要适用于实地研究。其作用在于通过深入细致的访谈，获得丰富生动的定性资料，通过研究者主观、洞察性的分析，从中归纳和概括出某种结论。

非结构式访谈存在以下优点：①适合在自然条件下观察和研究人们的态度和行为；②研究效度较高；③方式比较灵活，弹性较大；④适合研究现象变化的过程及其特性。

但是，非结构式访谈也有自身缺点：①概括性较差；②信度较低；③对研究对象的影响无法控制；④所需时间较长；⑤可能涉及伦理问题；⑥要求更高的访谈技巧。

下面我们来看一个研究案例，它使用了田野调查法、参与式观察和非结构式访谈法。

【案例 2 - 19】《炫耀性消遣：大众跑步行为及心态描摹》①

研究主题及目的：

从炫耀性消遣的角度，描摹大众跑者的健身行为和社会交往活动，探寻大众跑者行为与心态背后的解释机制，助力大众健康。

研究问题：

各式各样的大众跑者，都存在一种有趣的行为表现：喜欢晒朋友圈，炫耀自己的跑步行为。

（1）他们为什么会有这些炫耀行为和心态表现？

（2）这些行为心态背后折射出哪些社会机制？

（3）这些机制对大众跑者健身行为又会产生哪些影响？

研究方法：

田野调查法、参与式观察和非结构式访谈法。

研究设计：

（1）对遴选的跑者个体采用非结构式访谈法，不依据固定程序，只是围绕与跑步炫耀有关的主题，如跑步的感受、跑步的消费、跑步的心态、跑步的时间分配、对待跑速与里程的看法等，顺带聊一些轻松的话题，了解受访者的年龄、身份、职业、收入、受教育状况、兴趣爱好以及家庭文化背景等。试图以深描的方式，忠实呈现细小的事实，让事实来说话，达

---

① 夏成前，吴德州，杨小明，等. 炫耀性消遣：大众跑步行为及心态描摹［J］. 体育与科学，2022，43（2）：101 - 107，120.

到"有意义的解释和深度的分析"。

（2）访谈前通过并肩跑步或跑后共同拉伸等形式，和对方建立友善关系，取得受访者的信任。

（3）访谈的形式也多种多样，有时边跑边谈，有时在跑完拉伸时有意无意地交谈，令受访者轻松惬意，在不知不觉中打开心扉，吐露跑步的真实感受，探寻跑者对待跑步炫耀与运动社交的态度。通过深入细致的交流与倾听，获得丰富生动的质性材料。

研究结论：

（1）跑步炫耀是大众跑者对社会认同的一种期望和对自我能力的一种宣示：跑速的炫耀反映了大众跑者对超越体能极限的渴望与追求，对精英跑者的仰视与崇拜；跑步里程及坚韧品质的炫耀则表明大众跑者对自身能力的肯定和对健康的关注；悠闲心态和跑途风景的炫耀，体现了大众跑者对自己"有闲有钱"阶层的身份期待与认同；个体形象的营销反映了大众跑者对个体形象的自恋和个人事业的关注；团队精神的彰显，表明大众跑者对团队的依赖和跑步过程中对友伴互助合作的憧憬与期待。

（2）过度炫耀者痴迷于追求个人最好成绩和挑战极限，有可能损害健康并带来惩罚性后果。

非结构式访谈不一定没有知情同意（informed consent）。以我之前所做的田野调查为例，住进工厂的时候就已经告诉所有人，我正在进行关于劳工的数字亲密关系和数字休闲的研究。一些研究由于情况特殊，会采取"卧底式的非结构式访谈"，完全隐藏访谈者的身份，但这类研究可能有一定的危险性。非结构式访谈最好能够得到研究对象的知情同意，这不仅是为了保护研究对象，更是为了保护研究者。

知情同意问题我们会在第三章、第四章展开讨论。接下来我们简单讨论一下访谈中的其他细节问题。

四、访谈中的其他细节问题

还有一些其他细节的问题也是我们在访谈中需要特别注意的，具体如下：

（1）口述史研究中需要和受访者签订知情同意授权书吗？怎样能够合理避免以后论文、专著的产权问题？

需要。知情同意授权书上应说明访谈录音内容由研究者所得，但访谈对象仍然享有写出自己故事的权利。如果有访谈对象在结束后要一份采访录音留念，完全可以提供给他，因为他才是录音的作者。其实，即使以同一个录音作为素材，不同的人写出来的东西也是不一样的，而且一般的研究对象通常也没有写论文的需求。

还有的访谈对象因为身份、职业等原因，要求在发布论文之前先看一遍，以免涉及敏感信息，这个也可以理解。

（2）不知如何分辨访谈者说话想法的真实性，是否只能够通过多次访谈和细节分析确认？

是的，大家应该具备辨别真实性的直觉。当我们觉得对方在吹牛的时候，可以迟一点再问一次，让对方再澄清一下。

我自己有这方面的经历。我们当时是在广州研究"中等穷人"，这是一个我们新造的概念，主要指月收入在 5 000～8 000 元的人群。一个访谈对象觉得自己在这个收入范围内，但是访谈进行到一半之后，我们发现从他喜欢的消费品和家人居住的公寓来看，他其实不属于这个范围。我们最后写论文的时候就没有用这个访谈记录。

（3）访问业界专家、重要人物的时候，是否有需要特别注意的地方？

其实业界专家、重要人物可能不是好的访谈对象，因为他们不会像一般的访谈者那样，提供一些未经诠释的数据。在人类学研究当中，我们希望得到的数据是没有经过诠释的。

（4）如果几个人合作研究，分别访谈不同的受访者并共享访谈材料，那么论文发表时合作研究者要不要全部署名或者放在致谢里说明？

既然大家都参与了访谈，那么排除任何一个人都会引起纷争。

（5）如果在访谈某个对象后，觉得访谈资料与研究问题不相关，可以不用这份访谈资料吗？

一定要排除不可靠或不相关的访谈资料。我们经常会遇到这样的人，他们虽然很愿意跟人聊天，但是好像根本不知道自己在聊什么。

第五节　访谈法优秀案例赏析

本节我们以《手机里的漂泊人生：生命历程视角下的流动女性数字媒介使用》为例，深入观摩这篇论文，重点关注文章的摘要、研究设计和对材料的呈现，借此体验访谈法的特点和使用过程。

论文将社会学的生命历程视角应用于数字媒体研究，探讨个人和家庭层面的因素对流动女性手机使用的重要影响。通过田野观察、焦点小组和非正式访谈的数据收集方式发现，珠三角地区的流动女性内部的差异性和多样性被以往的农民工媒介使用研究所忽视。流动女性群体的内部差异，不能简化为年龄变量本身，而是与流动人口性别化的、充满不确定性的生命历程有关。一方面，国家主导的社会经济政策和教育政策结构性影响了流动人口的生活机遇；另一方面，处于不同生命阶段的流动女性在家庭内部和就业市场上有着不同的角色期待和身份定位。基于不同生命阶段的个体和家庭决策，她们的工作性质、居住环境和家庭劳动分工是多样化的，这些因素形塑了她们的手机使用习惯和媒介内容偏好。[①]

上面这段文字是这篇论文的摘要，第一句话提到了研究的范畴，就是"将社会学的生命历程视角应用于数字媒体研究"；它还提到了范畴当中的靶子，就是"个人和家庭层面的因素对流动女性手机使用的重要影响"。

第二句话提到了三种重要的质性研究方法，分别是田野观察、焦点小组访谈和非正式访谈。这些都是在田野调查的过程当中经常使用的方法。这句话还指出了以往研究忽略的东西，然后简要介绍了研究结论，这是非常批判主义的视角。

第四句话非常精彩，它讲了两个层面：一个是宏观层面，也就是社会经济政策和教育政策；另一个是中观层面，指出处于不同生命阶段的流动女性在家庭内部和

---

① 章玉萍. 手机里的漂泊人生：生命历程视角下的流动女性数字媒介使用 [J]. 新闻与传播研究，2018 (7)：49 - 65，127.

就业市场上有着不同的角色期待和身份定位。

整体上，这段摘要非常简明扼要，交代了所有重要的信息，而且不涉及冷门概念，每个人都能读懂。

【案例 2 - 20】《手机里的漂泊人生：生命历程视角下的流动女性数字媒介使用》①

研究目的：

文章将社会学的"生命历程"视角应用于流动女性的数字媒体研究，通过田野观察、焦点小组访谈和非正式访谈的数据收集方式，探讨不同生命阶段的个人选择和家庭决策对于流动女性手机使用的影响。

研究问题：

（1）从生命历程视角出发，如何理解作为信息中下阶层的流动女性？

（2）不同生命阶段的流动女性如何主动采用信息技术来解决她们各自工作与生活中的问题？

（3）流动女性的手机使用受到哪些结构性因素的影响？

研究方法：

焦点小组访谈，优势是可以获取细节性的描述性数据，了解受访者行为背后的潜在动机，并且答案不受研究者的偏见引导。

研究结论：

（1）手机是流动女性最常用的数字移动设备，但她们的手机使用行为往往被各自的工作种类和生活环境所形塑，展现出惊人的多样性。随年龄而变化的就业市场地位和家庭性别角色是流动女性差异化手机使用的根本原因。

（2）这些多样化的手机使用，展现了她们一定程度的个体能动性。但这不能抹除不均衡的经济发展、不平等的福利制度、缺乏关怀的就业政策、性别化的劳动分工给她们带来的在城乡之间，全职工作、灵活就业与失业之间，回归家庭和外出打工之间辗转挣扎的苦痛经历。

（3）不同生命阶段的流动女性往往基于自身和家庭需要而使用手机的不同功能，从使用中获得不同类型的需求满足。手机强大的媒介整合能力，

① 章玉萍. 手机里的漂泊人生：生命历程视角下的流动女性数字媒介使用［J］. 新闻与传播研究，2018（7）：49 - 65，127.

将包括阅读、观影、听广播等各种娱乐消遣活动都集于一体，成为她们逃避现实、宣泄情绪与无声反抗的主要方式。

这项研究提出的是关于"如何"的问题和关于结构性因素的问题，这是非常典型的解释主义的提问方法。论文在研究方法这部分交代了很多细节。在这项研究中，每个焦点小组参加人数为 4~8 人，每次讨论时间长度为 1~2 个小时。

这项研究采用了归纳的数据研究方法，即从访谈所得的资料、经验、故事当中寻找重复的主题。论文中还解释了为什么选择焦点小组访谈作为研究方法。其中"细节性的描述性数据"不仅包括从焦点小组得到的信息，而且包括研究开展过程当中其他有价值的信息，如工作人员和小组成员的非正式谈话、焦点小组开展的背景环境、研究过程中发生的意外事件等。像这样的意外事件，我们通常只能通过观察去捕捉，因为它既然是意外的，就不是我们预先准备的访谈提纲中能够体现的。焦点小组的研究者需要充分地把握和超越数据，以确定更广泛的过程和概念。例如这项研究中关于生命历程的视角，就是从数据收集过程中得到的，而不是从文献中获得的。

在论文写作方面，这篇文章正文部分首先谈到了"新工人"的概念。接下来，它提到了"临时移民"。这个概念在我们当时做田野调查期间比较流行，还有一个说法叫"临时夫妻"，指的是维持非婚同居关系的工人，这种现象在工业区比较常见。

文章在写作中采用了夹叙夹议的手法，我们在第六章会重点介绍。在陈述观察之后对话文献，这是质性研究的写作当中很重要的一步，例如文章中的这段话：

> 如经济学家斯坦丁（Standing）指出，全球劳动力女性化趋势并不意味着男女平等，而是意味着低工资、缺乏福利和就业保障的灵活用工被认为符合女工的相关特征：不稳定的劳动力参与、接受低收入的意愿、不需要积累技能和没有职业上升渠道。

关于访谈资料的使用，这篇文章里我们至少能看到两种写作方法。第一种是直接引用，例如下面这段：

> 电子厂的 C 向研究者反复强调她的悲观情绪："我这个人比较悲观，在厂里付出很多，得到很少。我同学都劝我辞工回去带孩子。我积分没

积到，没有本地户口，孩子（在这边）没法儿上好学校。我贷款买了房，现在卖房肯定亏本，我进退两难，心里非常难受。我在老家失业，社保没法儿转。我父母年纪也很大了。我每天被这些事情拉锯，心里很痛苦。"

第二种方法是结合理论，得到比较高层次的解读。

总之，好的质性研究一定能容得下多视角的解读，而且不同的人读了会有不一样的收获，因为每个读者现阶段需要的东西不一样。比如说，假如你想了解研究劳工有哪些理论，那么你就可以去看相关文献综述部分和结论；假如你想看研究设计方法，那么你就可以去看研究设计部分。如果要学习论文写作，那么就应该像这里的案例一样，分析论文中每句话究竟写了什么。

复习思考题

使用非正式的深度访谈，采访一位年纪较大的长辈，编写个人口述史。想一想，长辈的人生故事与哪些重大事件密切相关？他们对事件的理解和感受可以用哪些理论诠释？

第三章

访谈前的准备

在上一章，我们在更广阔的社会科学的范畴内讨论了质性研究，包括本体论、认识论和方法论，什么是质性研究，以及什么是质性研究的"三观"。同时，我们通过案例分析可以看到，质性研究如何促进对数字时代的了解。本章我们将重点探讨质性研究的访谈法。

访谈法的种类可以分为结构式访谈、半结构式访谈、叙事访谈、民族志访谈（非正式访谈）、焦点小组访谈等。本章我们先介绍访谈前的准备，在之后的章节中还会介绍在访谈中应当如何发问，以及如何与受访者互动。这些内容，无论在正式访谈还是非正式访谈中都会有用武之地。

数字时代为访谈提供了更加多样的工具。研究者可以通过社交媒体打破地域的限制，接触到大量潜在受访者，【案例3-4】和【案例3-5】就提供了这样的范例。互联网的匿名性使得研究者得以接触到一些在线下难以触及的圈子，但也对访谈者所提供信息的事实核查提出了挑战。此外，互联网还能让身处不同国家、不同地区的研究者更加方便地展开合作。在此背景下，研究者需要熟练掌握在线协作工具，同时有意识地保护研究数据安全、保护受访者隐私。

本章前四节介绍访谈前的准备，主要包括访谈提纲的制定、发起访谈邀请、考虑是否选择录音、考虑是否进行预调研；第五节探讨研究中可能出现的伦理问题；最后一节探讨现在越来越流行的数字化生活，展望线上质性研究的未来。

第一节　访谈提纲的制定

一、访谈问题的类型

经过对研究对象的初期了解，我们会逐渐明确某一研究领域内的研究问题。在方法论上确认使用访谈法后，我们接下来会考虑如何设置访谈问题。首先需要进行头脑风暴，将大的研究问题以及三个主要问题列出来，每个主要问题下留出一定的空间，再补充细节问题。例如，在做中国城市职业女性饲养宠物的研究时，我们的探索性访谈提纲就分为三个部分：受访者的基本情况、住所的状态、情感关系及工作情况介绍。三个部分下又各有分支问题，比如在"情感关系及工作情况介绍"这一主要问题下，根据可能的影响因素（如伴侣关系）设置诸如"如果有伴侣，和伴侣如何认识、如何相处、关系如何"等问题。

总体而言，各个主要问题下的细节访谈问题设置，可分为五种类型：直接问题、间接问题、构建问题、后续问题、探究性问题。

（一）直接问题

所谓直接问题，是可以让我们直接获得研究资料的问题。它是研究中最需要的东西，要优先处理。典型的直接问题举例如下：

> 你觉得为顾客服务的时候保持微笑容易吗？为什么？
>
> 你和你的丈夫如何决定家庭开销？
>
> 你和你的丈夫决定花钱的方式，你感到满意吗？
>
> 可以跟我讲一个你曾经网恋的故事吗？
>
> 听别人说你有过网恋的故事，你可以跟我讲讲是怎么发生的吗？后来发生了什么？你们还在一起吗？
>
> 你怎么看待在游戏里面结婚这件事？

如果你研究的话题有一定的敏感度，比如疾病患病体验、贫困生活体验等，这类话题的直接问题有较大可能唤起受访者的负面情绪。在这种情况下，前期发起访谈邀请时可以真诚、富有同理心地告知自己的研究主题（如果你能够对这些负面体验共情可能会更好），努力去获取受访者的信任。如果觉得还没有和受访者建立足够的信任关系，可以通过其他问题的铺垫，循序渐进地接近直接问题，比如先问一些间接问题。

（二）间接问题

在直接问题比较敏感或者需要得到补充的时候，我们也会提一些间接问题对受访者进行调查。典型的间接问题，如：

> 你觉得其他人对工作环境有什么看法？
>
> 你希望你的子女去做这份工作吗？

有一次我做直播公会研究的时候，我问一个女主播："你希望你的子女去做这份工作吗？"她没有直接回答我们，但提供了一个间接的答案。她说，她有一个同事在直播的时候，她的妈妈进了直播间，看到自己女儿用非常卑微的语气讨好直播间里的大哥，就哭了。她回答我："你看像这样的话，我怎么可能想要我自己的小孩做这份工作？"

像这样的间接问题实际上也能体现出受访者对于议题的一些看法。这种问题我们也要在访谈提纲中列出来。

（三）构建问题

构建问题是调查者为了掌握访谈的方向而设置的问题或过渡性的话语。如果你是第一次做田野调查的话，你可以把这些话都写出来。典型的构建问题，如：

> 你觉得刚刚的问题里面还有哪些没说到的？
> 还有哪些需要澄清的？
> 还有哪些需要梳理的？

设置这样的问题可以让对方再多说一点，跟我们多聊一聊。

（四）后续问题

后续问题是在提出问题后，进一步让受访者详细说明答案的问题。比如，当受访者回答过于简略，我们希望对方打开话匣子的时候，就可以问：

> 你说你是在哪个论坛遇到这个网友的？
> 后来是怎么把他约出来的？
> 你可以多说一些吗？
> 你们第一次见面的时候发生了什么？
> 你说的"奔现"是这个意思吗？（让对方确认）

这样的问题可能帮我们找到研究中最缺的故事，比较考验访谈技巧。我们可以事先准备，也可以临场发挥。

（五）探究性问题

探究性问题的作用是通过直接提问来跟进受访者所说的内容，可分为具体问题和解释问题两类。

具体问题应该多问当时的情境以及发生了什么，而不要过分去问对方的感受。人们讲述故事时难免出于主观性突出某些部分，或者过多地阐释自己的想法而非具体行动，因此我们需要保持敏锐的故事"嗅觉"和尽量客观的思考，不能完全被代入讲述者的立场。基本的具体问题，如：

你当时是怎么做的？

你当时是怎么想的？

你当时说了什么？

××对你说的话有什么反应？

那件事是怎么发生的？

是在什么情况下发生的？

另外，当对方说了一个可能只有他/她才知道的事情的时候，我们需要解释问题进行跟进。例如，我在做女警察研究的田野调查的时候，头一次听说了"双警家庭"和"警察世家"的概念。当受访者提到这些概念时，我会提出问题跟进一下："您的意思是不是在双警家庭当中，男性主要是负责在外打拼的？"这就是解释问题。

后续问题和探究性问题的好处在于更充分客观地还原事件的原本样貌，可以帮助我们当场获取更翔实的信息，不至于在后续整理访谈资料时才发现没有梳理清楚事件脉络。

二、如何撰写访谈提纲

（一）针对特定受访者及时调整访谈提纲

在写下研究项目里大的研究问题后，我们需要在每一个主要领域中提出问题，使其适合特定的受访者。这里也涉及质性研究和量化研究的一个重要区别。量化研究的研究设计确定之后就不能更改了，但在质性研究里面，一个研究项目里往往不止一种研究对象，我们需要针对不同的对象调整访谈提纲。

例如，当我在做女警察的研究时，大部分能够访谈到的女警察都是做社区警察或者做服务性岗位的。后来，我好不容易找到一些主要做出勤任务的武警、特警。发现这种新的情况后，我们就需要调整提纲，准备专门的问题去了解她们出勤的情况。

（二）问题措辞去学术化

调整访谈提纲后，我们还要进一步对问题的措辞进行修改，使其口语化、去学术化，这一点非常重要。许多受过高等教育学术训练的学生，常常将相当学术化的概念挂在嘴边，比如"差序格局""社会资本""文化资本"等，这些用语不适合用在平常的对话中。我们需要把访谈提纲里面的题目去学术化，才能让受访者有动力完整和诚实地回答问题。

在访谈提纲的设计中，我们应该多问"如何"的问题，而不是"为什么"的问题。许多初学者喜欢问"为什么"的问题，比如，"你为什么会成为主播？"这就好比在一场明星发布会上，询问他/她为什么会成为明星，这种提问得到的答案更有可能只是一套说辞。但在访谈中，这可能并不是成心的，而是面对"为什么"的问题时，更可能激发出一套标准化的答案（就像做试卷时回答意义类的题目）。还有可能受访者只是在跟你讲述日常的东西，或许根本没有想过为什么。因此，我们首先要捕捉"如何""怎样"的问题，例如：

> 你作为主播工作的一天是怎么样的？
> 在开播之前你准备了什么？
> 你觉得哪一种妆容，还有直播室的布置最适合？

我们要先问这些客观的东西，再问描述和感受，最后才问为什么。在问为什么之前，可以再次确认这个"为什么"问题还能不能改装成"如何"的问题，"如何"的问题是否已经回答过了。也就是说，"你为什么会成为主播"这个问题出来之前，可以先询问"你是如何成为一名主播的？"并且进一步拆分："你在做主播之前有工作吗？""你成为主播的过程是怎么样的？"也许回答如何成为主播的过程中，对"为什么成为主播"的阐释也顺其自然出现了，而且对于这种相对好回答的日常问题，受访者的答案也会更加鲜活。

（三）准备热身问题

我们还需要准备一些热身问题。首先是自我介绍，许多初学者都会用一种非常拘束、谨慎、正式的方式来自我介绍，但我觉得合适的自我介绍应该是在正式之余要有点轻松的感觉。我们可以通过听自己的自我介绍的录音进行练习，找到这样的感觉。

其次，在访谈开始之前我们要做一些轻松的对话。例如：

你今天是不是刚下班？

今天工作忙不忙？

你做这份工作多久了？

你是哪里人？

这类轻松的对话可以让我们跟对方产生联系，拉近双方距离。有个比较内向的朋友描述自己偶尔自来熟的感觉：第一次和不认识的人聊天时，像对很久没见过面的朋友一样说话，让自己轻松之余，也和对方增添一丝亲近。如果你也觉得自己比较内向，不善于打开聊天的局面，不妨先这样调整自己的心态。

最后，我们还可以准备一些"罐头问题"，也就是我们平时聊天会用的问题。比如说，假如我们与受访者之间有中间人介绍，我们就可以说：

你是什么时候认识某人的？

你们怎么会认识的？

你们都不在同一个分区，为什么会认识？

你们是老乡吗？

我的一位好朋友也来自那里，你们家乡的东西很好吃。

许多在象牙塔里待得久的人，会失去跟人打交道的能力。做访谈很重要的一步就是要把你自己变成可爱的人。可能一些人给陌生人的感觉是有"高墙"的人，但是不要紧，我们只需要在访谈的两个小时里做个可爱的人就可以了。

（四）思考访谈逻辑和流程

所谓"思考访谈逻辑和流程"，也就是说什么话题应该放在前面，什么话题应该放在后面。通常来讲，轻松的问题放在前面，严肃的问题放在后面。这是因为聊天有个"热场"的过程，"热场"可以拉近人与人的距离。如果一开始就提比较严肃的问题，受访者会觉得很别扭。当我们决定了问题的顺序后，不必死守流程，这是因为在做实践访谈的过程当中，对方也是有主体性的。作为批判主义、解释主义的研究者，我们的研究对象——人本身就有主体性。受访者有权利讲述他们的话，我们只需要在受访者讲完之后回到流程上就可以了。访谈提纲的第一部分一般是受访者的基本人口学信息（如年龄、婚恋状况、家庭结构等），为了避免做成人口普查，提问时需要灵活调整，可以请受访者在访谈之初先做自我介绍，就着自我介绍补充提问，或者在聊天过程中遇到相关话题时顺带提及。如果你跟受访者保持了较好的联系，后续也可以做回访确认。

（五）对可能出现的话题做好准备

在访谈的过程中，我们要对自然而然出现的话题做好准备。例如，我和另一位研究者做女警察的研究时，我们发现受访者很喜欢问我们两个为什么还没有结婚，这个问题是自然而然出现的。后来，我们就做好准备回答这个问题，并抓住机会问她们："为什么觉得我们30多岁就应该结婚了？你怎么看这件事情？"这时候对方会给出非常有意思的答案。原来，警察的考核是三年一次，她们在30岁前可能会遇到升职的机会，所以她们要尽早处理结婚和生孩子这两件事。这是我们在没有做访谈之前不知道的。准备好应对自然而然出现的话题，也许就会发现一些我们意想不到的问题。

除此以外，我们还要考虑研究中有哪些问题会令受访者尴尬。比如一般对于中国人来说，收入问题就比较令人尴尬，特别是家庭财产的问题。对于这一类问题，我们可以在访谈结束的时候提出。

（六）注意访谈结尾

最后，我们还需要给访谈一个结尾，并让受访者感到有力量、被倾听，或者让他们感到和你交谈很高兴。例如我们可以说："我们这边想问的问题都已经问完了，我想问一下您，有没有哪一些信息是您想要补充的？您有什么问题想问我们吗？"这样的结尾就能让受访者感受到被倾听、被需要，感受到我们感恩的心情，也保留了补充访谈的可能性。

三、访谈提纲很重要

了解访谈问题提纲的撰写流程后，我们还需要补充一些访谈中常见的注意事项。

（一）不能把研究问题混淆为访谈问题

初学者容易犯的一个错误，就是把研究问题与访谈问题相混淆。不同领域的知识框架、术语习惯差别很大，不同专业的朋友在聊天时，会把专业术语转化为通俗的话来交流，会聊日常经历的事情，而不会立刻从学科视角去分析问题。但在学术研究的访谈中，初学者容易陷入比较狭隘的视野，专注于学科化的研究问题而没有将其放回现实的土壤。例如直接问受访者：

> 你觉得中国有没有男女平等？
>
> 你的性别观念是怎样的？
>
> 你觉得数字平台有没有剥削劳工？

受访者或许会出于礼貌（或是有一定的了解）做出回答，但我们的访谈通常不是专家专访，不是为了得到权威的答案，而是根据你的研究主题和目标，通过交谈了解受访者讲述的故事、理解受访者的观念想法，得到一手资料再进行分析。

如果觉得提问的思路打不开，不妨重新观察日常生活中人们的具体事件和行为，从一些"如何"入手，去拆分成具体的问题。比如，如果我们的研究题目是"40岁以后被公司解雇对雇员以后的生活状况的影响"，那么，访谈问题就不能是"你觉得40岁以后被公司解雇对你有什么影响吗？"而应该把问题拆分成：

> 你是什么时候被公司解雇的？
>
> 当时是因为什么？
>
> 你当时的感受是怎样的？
>
> 你有没有跟上级申诉过？
>
> 你的同事是怎么看的？
>
> 接下来你有什么打算？

这些才是访谈当中应该出现的问题。再比如，几年前《新闻联播》播出过一个很尴尬的采访，记者问路人："你幸福吗？"这是一个非常糟糕的访谈问题。这个问题看起来简短，涉及的却是"幸福"这样一个抽象且含义复杂的概念，没有具体的语境，也没有抛给受访者一个帮助回忆、讲述日常体验的"钩子"。我们可以把问题拆分成：

你过去一年当中最幸福的时刻是什么样子的？

你觉得现在做这份工作对你来说有没有成就感？

你最有成就感的地方是什么？

这样的问题都要比"你幸福吗？"获得的回答好很多。我们要有目的地设置访谈问题，要知道我们希望通过这些问题得到什么结论。

（二）让对方打开话题

访谈问题的设置要非常人性化，才能够让对方打开话题，引发对方讲故事的兴趣和分享的意愿。如果受访对象本身就很有分享欲、很有聊天意愿，那当然很好；如果不是，就需要设置一些话题，让对方感觉到我们的真诚。除此之外，我们还可以为每一位受访者准备一些小吃、饮品或者其他小礼物，这都是能让受访者打开话题的行为。

访谈过程中的互动可以被看作提出任务和进行任务的过程，我们可以设置丰富的情境任务，这可能触发受访者跟我们聊更多东西，也可以让访谈变得更有趣。比如在做一个豆瓣小组的研究时，我会邀请受访者和我一起看帖子，在场景内询问他会点进哪个标题、可能会回复哪些帖子等。这比直接提问"你通常会点进哪些帖子"得到的资料更充实，可以展开讲的内容也更多。

社会学家约翰·李维·马丁提出了很棒的建议，这些"小片段"设置还可以包括：[1]

（1）对自己生活史的叙述。

（2）假想情境片段（vignette）。提一些假设性的问题，或是指出一个假想场景，让受访者来评论、预测，或者说说他们自己在场景中会怎么做。

---

[1] 马丁. 领悟方法：社会科学研究中的方法误用及解决之道 [M]. 高勇，译. 重庆：重庆大学出版社，2017：285.

（3）开放式或投射式的问题。比如："你经历过的事情当中，你觉得哪件事最重要？"

（4）"游戏"。比如，把卡片分成不同的堆，或者画出一天当中的行动轨迹，等等。

（三）适当的自我暴露

没有人喜欢单方向的分享，所以在访谈过程中，我们还需要适当的自我暴露。比如说我们讨论择业过程的时候，就可以分享自己的一些经历。在前面提到的关于女警察的研究里，我就会讲讲自己在选择做老师的过程中怎样考虑某个问题，然后问受访者："那您在选择做警察的时候，是怎样考虑这个问题的？"这也是一个很好的帮助对方打开话题的办法。

我们还可以在聊到"罐头问题"的时候讲讲自己的情况，比如说孩子、工作和家庭，这些都是我们中国人聊天的时候会聊的一些问题。

（四）访谈前先测试

在正式开始访谈前，我们可以对访谈提纲做一个测试。可以先跟朋友模拟一下访谈过程，然后问朋友："你觉得刚刚那些访谈问题里面，哪些比较尴尬，哪些需要改？"根据朋友的反馈不断调整问题，每次访谈都能有所进步。在一次访谈结束后，如果受访者还愿意跟你进行聊天，也可以请教受访者的意见，比如："在我提问某个具体问题时，你当时怎么看待这个问题？有哪些提问你觉得是可以改进的？"

反复打磨自己的访谈问题，尽量降低设问的诱导性，反思双方在访谈中的表现和感受，调整自己在访谈中的心态和节奏，这些都是一个长期的自我训练过程。这对提出即兴问题也有好处，或许在某次提出即兴问题时，你会发现自己不会像和普通朋友聊天一样无意间流露出偏向性，或者说得磕磕绊绊，让受访者抓不住重点。

（五）成为喜欢聊天的人

还有一点很重要，我们要成为喜欢聊天的人。如果你本身就是个外向的、喜欢聊天的人，当然是最好的。如果不是，要想一想怎么成为喜欢聊天的人，尝试体验从向外互动的行为和反馈中汲取能量。至少在访谈的过程中，努力做一个让对方觉得真诚、可爱的人。

成为喜欢聊天的人当然不是因为聊天的氛围全是轻松融洽的。访谈和相亲从某种意义来看比较相似，你可能知道一些基本信息，但并不知道对方具体是什么样的人，会不会踩到对方的"雷点"导致崩盘，当然这种情况在某些主题下会比较危险，如访谈内容会唤起负面情绪时。在我作为访谈新手的时期，曾经有一位受访者在聊天时突然用很疏离的语气拒绝我向她表达关怀，我以为她感到了被冒犯，因此惴惴不安，道歉之后突然不知道该说什么。但紧接着她又说起了相关的主题，说想讲讲自己的意见，我们遂又开始了交流。在那次访谈结束时，她告诉我，和我聊天时，感觉自己变得耐心而平静。我则刚从不安的情绪中缓过来，心里充满了感恩。

这个呼吸一室的时刻给我留下了很深的印象。即便相比跨国界、跨种族、跨宗教的人类学田野调查来说，这种情况下访谈者与受访者的背景与经历的异质化程度不算高，但访谈过程中访谈者和受访者的感受仍可能相当不对称，误解频频产生，交谈时的笨拙、磕绊也是难免的。正因为个人的交流经验是狭隘的，要意识到狭隘正是触摸到边界的时刻，所以这时候可以给自己一个鼓励的信号：这是理解访谈对象的一个重要时刻！即有机会探索边界、发现新知识。

四、如何设置好访谈问题

怎样设置好访谈问题呢？好的访谈问题应该是很简单的。首先，我们不要一次性问一大堆问题，要有耐心。最好的问题是从受访者那里得到最长答案的问题。最好每次提问时只问一个问题，方便受访者处理。其次，不要要求受访者去为我们分析问题，分析问题是我们的工作，不是受访者的工作。我们可以用道听途说或以受访者所处的群体的代表性意见来问他："你怎么看待这样的说法？"最后，我们不要害怕问一些令人"尴尬"的问题，有时候尴尬是我们自己的投射，别人并不觉得很尴尬，如果你不问，他们就不会说。

下面我们通过一些具体案例，看看访谈提纲应该是怎样的。

【案例 3－1】行业分工、性别实践与晋升约束：基于 J 市女警的田野调查①

本案例使用访谈法，总共采访了 24 名受访者，包括 21 名女警察和 3

---

① 杨黎婧，刘亭亭. 行业分工、性别实践与晋升约束：基于 J 市女警的田野调查 [J]. 中国研究，2022（1）：23－50，336－337.

名男警察，年龄从 25 岁到 40 岁不等。研究者对每个人都进行了 1~3 次采访，所有的初步访谈都以面对面的方式进行。

该研究的访谈提纲围绕"一般的背景信息""关于警察的职责""与性别有关"三个主题设计了开放式的半结构式访谈。当研究项目里有不止一个研究者的时候，我们就需要说明每一部分问题的指向来培训研究助手。

第一个主题涉及一般的背景信息，主要关注她们加入警察部队的最初动机，以及接受警察学院培训和教育的经历。在这一部分，我们设计了这些问题：

我们就从你的入警经历开始聊吧。方便问一下你多大吗？你有兄弟姐妹吗？你是怎么入警的呢？

你爸妈支持你做这一行吗？

你为什么会选择警察这个行业呢？

你觉得这个行业适合女孩子吗？

警校的那些规定，你是怎么适应过来的呢？

第一个问题属于直接问题，第二个问题属于间接问题，然后我们才会问为什么选择警察这个行业。接下来是整个项目非常关键的问题："你觉得这个行业适合女孩子吗？""警校的那些规定，你是怎么适应过来的呢？"

第二个主题主要关于警察的职责。这部分的问题包括警察的日常工作职责、成就、困难和长期的职业抱负。访谈的问题有：

你都做过哪些岗位呢？现在负责什么职务呢？

请给我们讲讲，你的一个典型的工作日是怎么样的？

你能不能说一下，你工作中遇到过的最难忘的一两件事？

你现在的工作，会不会有晋升的机会呢？你有晋升的想法吗？

虽然我们列出来的问题有很多，但并不是说每一个都需要问。我们在访谈中发现，我们的受访对象本身的社会成熟度很高，不管问什么问题她们都答得出。

第三个主题与性别有关。

这一部分的问题是关于女警察与男警察在工作方面的异同，以及她们对性别、婚姻和家庭的一般想法和经验。在研究之前，我们要先查阅一些资料，例如，中国公务员的男女比例和警察的男女比例、警校里面的学生数据等。我们可以问这样的问题：

> 你觉得你的岗位能够让你发挥出来女性的特长吗？
>
> 你觉得什么样的岗位，就总体而言，比较适合女性警察去做呢？
>
> 你觉得什么样的岗位，就总体而言，比较适合男性警察去做呢？他们的哪些工作是比较不能被取代的呢？
>
> 你觉得你工作以后，有没有磨炼出一些个性，让你跟不是警察的女孩子不一样的呢？
>
> 你会不会被朋友、老公或者男朋友说不够女人味？你是怎么看待女人味的？

对于这几个问题我们都要追问细节。当我们了解到出外警任务一般由男警察完成，特别是跟肢体暴力相关的一些危险人物接触的时候，我们也可以问这一类问题：

> 跟你做同类型工作，在同样工作岗位的男性，你有没有觉得自己跟他们不一样？
>
> 他们承担的工作虽然劳累，但是也意味着他们晋升的机会比较多？

当然，我们还可以问：

> 你现在的工作会不会有晋升的机会？
>
> 你会不会有晋升的打算？
>
> 在整个警察行业里面，做领导人需要具备什么样的品质？
>
> 你觉得女性会拥有这样的品质吗？

我们一定要注意，这些问题不一定要全部问出来。当对方已经讲到一件事情，比方说同办公室的另外一个人的时候，我们就可以提出后续问题："你可不可以形容一下他是一个什么样的人？他立过什么功？他晋升速度这么快是为什么？"

在受访者讲完一个典型的工作日后，我们就跟进提问："那在每天下午你觉得最重要的一件事是什么？"因为我们发现这是一个对她们很重要的问题。她们下午三点到四点之间要去接孩子，把孩子接到警察局来，在办公室里做作业。这时候我们会提出"你们老公会不会去接小孩？"这样的后续问题。我们还会提问："你会不会被朋友、老公或者男朋友说不够女人味？你是怎么看待女人味的？"这是想要了解她们是如何调动自己的性别气质去完成一些工作任务。

最后，我们还要询问受访者工作以外的生活，例如：你在工作之外做过什么？你喜欢做什么？你的家庭生活是什么样的？在家庭里面，家务是怎么分工的？会不会影响工作的晋升？具体来说，我们可以这样提问：

> 我们现在聊聊你工作以外的生活。你工作之余喜欢做些什么呢？
>
> 那你现在是已经结婚有家庭了吗？你有没有被催婚的经历？别人都怎么说你的？你自己着急吗？你怎么想的？
>
> 现在的女性都讲求在工作和生活之间取得平衡，你觉得做警察实现这个平衡难吗？
>
> 你们家里家务是怎么分工的呢？您在家里承担怎样的家务呢？这会不会影响你的工作晋升？有没有可能让你老公承担家务呢？你跟公公婆婆的关系是怎么样的呢？
>
> 如果有小孩，你会让他/她（区分男孩、女孩）做警察吗，为什么？
>
> 你想象你十年、二十年以后，会过着怎样的生活呢？

到了这里，我们已经跟受访者建立起很深的关系。这时候就可以像聊家常一样，提一些更私人的问题，比如："你们家是老公在做家务吗？你婆婆会帮忙吗？你会希望你小孩以后做警察，还是像我们这样做大学老师？"

【案例 3 - 2】《在中国城市成为"宠物奴隶"：跨物种城市理论，单身职业女性和她们的宠物》（Becoming "pet slaves" in urban China: transspecies urban theory, single professional women and their companion animals）[①]

本案例使用访谈法，共采访了 34 名受访者，进行了两轮访谈，旨在探究如下研究问题：

（1）如何解释宠物饲养在未婚的中国城市职业女性中流行？

---

① TAN C K, LIU T, GAO X. Becoming "pet slaves" in urban China: transspecies urban theory, single professional women and their companion animals [J]. Urban studies, 2021, 58 (16): 3371 - 3387.

（2）伴侣动物对这些女性的家庭形成有何贡献？

（3）在传统上由男性主导的中国城市空间中，饲养宠物如何反映出性别关系的变化？

第一轮访谈先问一般性问题，例如受访者在伴侣动物身上的开销、购买记录，以及她们对工作、休闲和消费的看法。我们的访谈提纲列出了以下问题：

基本情况：年龄、职业、职位、文化程度、是否独生子女、已婚/未婚、有伴/单身、收入与开销情况。

关于住所的状态：常住在什么地区、是否跟父母住、和父母往来的频率以及日常的沟通方式、和对方父母相处时的感觉和状态。

情感关系及工作情况：（如有伴侣）如何认识的及在一起的时长、现在的爱情关系和相处模式、是否有小孩；工作的详细介绍，包括工作性质、工作内容、自己处于何种阶段（迷茫、休整、上升还是转型期）等。

通过第一轮的访谈，我们注意到与年龄有关的广泛的单身这一模式。于是，针对受访者中的未婚女性进行了第二轮补充访谈，并进一步细化研究问题：

如何将自己的单身与全国性的早婚联系起来？

你的宠物在你的生活中扮演了什么角色？

未婚是否影响了你与宠物的关系？

在这一轮访谈中，我们设计了关于宠物的问题和线上社群等后续问题：

你的宠物叫什么名字？它多大了？你养多久了？

你和宠物之间有没有家庭关系拟人化的定位？如果有，是什么？

聊一聊养猫的日常吧。你需要为养宠物花费哪些东西？

聊一聊你跟你的宠物的关系吧！

它让你最伤心、最开心的时刻是什么？

关于宠物窝的设置，你是怎么想的？

养宠物对你的情感关系产生了什么影响？

有没有在社交媒体上发过宠物的故事，可以跟我们分享文本和照片吗？可以详细介绍一下分享时候的想法吗？

有没有加入与宠物相关的线上社群？有没有因为宠物产生实际的、线下的社交关系？

有没有为宠物绝育？如果有，怎么考虑绝育的，经历了怎样的心理过程？

有没有为宠物配对？如果有，怎么联系上的？配对的话会考虑哪些事情？宠物生出来的宝宝去哪里了？

因为宠物寿命的关系，宠物可能会更早离开你，有没有经历过宠物离世？没有的话，有没有考虑过这件事情？怎么考虑的？

你觉得一个家应该是怎样的，希望你的宠物在这个家里面扮演什么角色？你对这个家的想象，你的父母接受吗？

我们再来看一个案例，本案例的作者是暨南大学新闻与传播学院的研究生周亚东。

【案例 3 – 3】《移动短视频实践与草根"可见性"生产：以四川凉山"悬崖村"青年为例》①

周亚东自 2017 年以来进行线上参与式观察；2019 年 11 月进行实地田野调查，到四川凉山彝族自治州阿土勒尔村和瓦伍村进行实地考察，与当地村民同吃同睡，参与他们的视频拍摄和直播。他选取 13 名在短视频平台上活跃的青年进行半结构式深度访谈，他们都有长期发布作品或开启直播的行为，其中男性 11 名、女性 2 名，年龄基本分布在 20 ~ 35 岁。此外，还对驻村干部、记者、游客进行补充访谈，交叉验证。

这一研究的访谈提纲分为四个主题：村庄基本情况调查、粉丝互动调查、日常生活调查、短视频使用情况调查，并进行了补充访谈。

主题一是针对村庄基本情况的调查，具体问题如下：

---

① 周亚东. 移动短视频实践与草根"可见性"生产：以四川凉山"悬崖村"青年为例 [D]. 广州：暨南大学，2020.

村子的人口、历史、风俗、宗族等情况如何？

通网之前的村子是什么样的状态？大家一般使用什么来通信？

您觉得村子这两年里出现了什么变化？

主题二是针对粉丝互动的调查，具体问题如下：

您的粉丝量、播放量如何？

粉丝一般关注什么问题，如何和粉丝互动？

您如何看待网上的粉丝及评论？

主题三是针对日常生活的调查，具体问题如下：

短视频带来的收入怎么样，主要有哪些收入？

您觉得短视频对你有什么意义和影响？对生活带来哪些改变？

政府主要做了哪些方面的扶持工作？

来的媒体记者多吗，主要来做什么？

主题四是针对短视频使用情况的调查，具体问题如下：

您什么时候、如何接触到短视频？

您为什么选择使用"快手""抖音"等短视频平台？这些平台有什么异同？

您一开始使用短视频有什么困难？如何克服适应？

您第一次使用短视频的情景是什么？

您使用短视频多久了？每天使用时长是多少？

您每天拍短视频的条数/直播的次数是多少？一般什么时候拍摄/直播？

您的使用动机是什么？

您觉得短视频和之前的通信工具的不同之处在哪里？

您一般发布什么内容？会用到什么技巧？

您觉得直播和拍视频各有什么特点？

您觉得如何才能上热门或者获得更多的打赏？

您觉得村子里谁的短视频做得比较好？平时有没有交流？

在列出四大主题的访谈提纲后，研究者又根据实际情况列出补充访谈提纲，具体问题如下：

针对粉丝/游客：

您有没有在网上看到关于悬崖村的报道？

您通过哪些渠道了解到悬崖村，认识哪些主播？有没有打赏？

您为什么要来到这里，有什么感受？

针对村干部：

村子的基本情况和天梯修建情况如何？

您如何看待村子里这些短视频主播？

政府主要做了哪些方面的扶持工作？

政府下一步有什么具体打算？

针对媒体记者：

您是哪家媒体，采访主题是什么？

您是第一次过来吗？为什么来到这里？

您在采访中有什么感受和印象？

您如何看待村子里这些短视频主播？

可以看出，这是一个非常有落地性的访谈提纲。访谈提纲与研究主题不是一一对应的理想化关系。在这个提纲中，研究者没有把很多概念性的问题列入提纲里面，而是用了很多口语化的、去理论化的问题，这样的问题会带给我们许多不确定的答案。在访谈的过程中，我们可能需要不停地修改提纲，增加大量的闲聊和寒暄，而问题的梳理和主题的总结往往是更复杂的，需要按实际的情况进行对应处理。

通过对以上三个案例的分析，我们可以总结出访谈提纲的特点：

（1）访谈提纲与研究主题不是一一对应的理想化关系；

（2）实际访谈中存在很多不确定性；

（3）访谈过程中需要不断修改；

（4）实际访谈中会增加大量的闲聊和寒暄；

（5）问题的梳理和主题的总结往往更为复杂，需要按实际的情况对应处理。

第二节 发起访谈邀请

　　研究者向访谈对象发出访谈邀请，这是一个必需的动作，也是研究方法书籍中常常忽略的一个动作。不同研究者应用访谈法进行的研究，如何发起访谈、在哪里发出邀请、说什么样的话、如何和对方确认、遭到拒绝如何处理等，可能都是非常具体乃至私人化的经验。

　　非正式访谈，比如田野中的交流，更多时候看起来就是日常的聊天。日常聊天的发起一般是一两句简单的寒暄，既不能太刻意或太热情，让人觉得古怪，又不能太简单，简单到没有继续聊天的"钩子"。学者黄盈盈在田野手记中记录了与一位田野报道人第一次接触的有趣经历，那时她已经在田野地点徘徊数天，苦于无法"进入"研究的人群：

　　　　找个什么借口认识她呢？"跟你交个朋友好吗？"似乎文绉绉地傻了点，还是借口跟她借个衣服又什么的？说实在的，我觉得这样主动跟陌生人搭讪，对我来说真的是有点勉强。正当踌躇的时候，看见那边有个脑袋伸出来，我就对她笑了笑，问："可以借你的衣服叉用一下吗？"刚才还犹豫不决的话就这样脱口而出了。[①]

　　两三句话后，她和这位报道人坐在家中聊起天来。后来，由这位报道人引领，她得以进入了田野，以朋友的身份在重要的情境地点获得"合法合情"的在场资格。

　　以上这段心理描绘，大概很多初学者会有同样的体验。对新手来说，在非正式访谈中触发聊天，既要厚着脸皮找到日常生活中交往的可能，又要克服内心的纠结尴尬；既要迈过个人心理这道坎，还得逐步摆脱"学生气"，学会如何与人接触、与人打交道的日常技能。这和销售是类似的，在基本的尊重他人的前提下，各人有各人的办法，八仙过海、各显神通，得去摸索自己的道路。

　　发起正式访谈的邀请时可能少有这么幽微细腻的互动时刻。现在做研究题目，

---

① 黄盈盈. 我在现场：性社会学田野调查笔记［M］. 太原：山西人民出版社，2017：20.

在线上寻找访谈对象的情况变多了。可能是物色好访谈对象后一对一地发私信，表明自己的来意；抑或是在社交媒体平台上发布招募访谈对象的帖子，说明论文主题和招募需求。

下面我们来看一个具体案例，在案例中探讨应该如何发起访谈邀请。

【案例 3-4】《约会软件政治学：中国城市里的性别、性与新兴公众》（The politics of dating apps：gender，sexuality and emergent public in urban China）①

学者陈力深在做博士论文研究时，在国外社交媒体上发布了受访者招募通知。

【你是女性吗？你现在是陌陌、探探或 okcupid 用户吗？】

我想邀请你进行一个学术研究。我叫陈力深，香港出生和长大，现在是美国南加州大学的传播学博士生。我在广州为我的博士论文收集数据。我的论文是有关中国人使用手机约会/交友 App 的情况。

我想寻找访谈对象。访谈时间为 60 分钟。问题是有关各位使用手机约会/交友 App 和华人爱情观念的关系。我不会拍照/录影或记录任何有关你个人身份的信息，所以你的隐私有绝对的保障。为感谢你的时间，我会在访谈时请各位饮咖啡/茶并附上一点心意。

如果你是（1）女性；（2）18 岁以上；（3）从来没有在交友 App 或网站工作；（4）异性恋者；（5）陌陌/探探/okcupid 用户（每星期至少登入一次），希望你可以考虑参加。

你也可以从我的大学网站或个人网站了解我。

可以看到，好的招募内容需要用大家能理解的方式说明：①研究者是谁；②自己的研究主题；③访谈时长、访谈内容、是否有偿/回馈等信息；④对受访者的要求；⑤回应受访者可能关心的隐私保障问题；⑥其他附加信息。在书写招募通知时，也可以带入个人的文字色彩。看上去用心书写的招募也许更能提升别人参与访谈、讲述故事的兴趣。

---

① CHAN L . The politics of dating apps：gender，sexuality，and emergent publics in urban China ［M］. Cambridge，MA：The MIT Press，2021：132.

学者陈力深寻找访谈对象的过程也充满了自反性（self-reflexion），对于我们理解研究伦理很有帮助，这点在后文研究伦理部分我们再作详细说明。

类似的发布文字还可以参考：

> 大家好，我是×××××大学传播与新媒体学院的博士生×××。因为博士课题研究需要，现诚募访谈对象。我的博士课题是关于中国乙女游戏玩家的日常游戏体验，以及与玩家社群、游戏公司和国家相关政策的互动。
>
> 如果你是乙女游戏玩家（接触乙女游戏时间超过1个月，包括但不限于《恋与制作人》《光与夜之恋》《时空中的绘旅人》《未定事件簿》《驭骨人》等国产乙女手游；或对日韩等其他国家乙女游戏有涉猎的玩家），对这个话题感兴趣并且愿意与我分享的，欢迎联系我！
>
> 访谈内容可能会成为我论文的一部分，但所有访谈数据将会被完全保密，受访人身份信息作匿名化处理确保他人无法识别。本研究已通过×××××大学传播与新媒体学院伦理委员会的审查和批准。
>
> 我的电话是×××××××××××，微信号为×××，也可以直接扫描二维码加我（加我请备注：×××）。感恩，比心。

以上招募文字中提到"本研究已通过×××××大学传播与新媒体学院伦理委员会的审查和批准"，这是在正式的项目研究中遵循研究伦理、具有保障力的做法。以下是我的学生在线上私聊邀请访谈对象时编辑的文字。

> up主好！我们是暨南大学新闻与传播学院的研究生MM和NG，目前在进行土味音乐的相关研究。我们关注到您《如何把土味音乐变上流》的投稿视频（已"一键三连"），觉得您的改编非常厉害！
>
> 因此，我们想邀请您参与土味音乐改编的相关问题的访谈。您方便的话，我们想和您约定一下具体访谈的时间，以您方便的方式进行（腾讯会议或者其他方式都可以）。
>
> 非常感谢！顺祝万事胜意！

学生做研究访谈时一般没有官方背书，其访谈对象也可能没有过高的接触门槛（这意味着，在前期需要衡量访谈实施的可能性）。如果有朋友与访谈对象认识，可以托朋友与访谈对象说明研究内容、询问对方意愿。如果没有私人认识的渠道，到各个平台了解对方的联系方式、工作邮箱等也是联系访谈对象的办法。如果没有私人关系，也没有其他与对方熟悉的办法，而访谈对象的门槛又是可预想的高（比如，学生要访谈女企业家），如果想要叩开对方的心门，可能只有长期的努力接触（真正创造环境的接触），或者其他的"神通"了。

在这个案例中，导致回复率区别较大的最直观因素是平台。据该学生说，通过"哔哩哔哩"和"网易云音乐"平台发的邀请都有回复，除了一位拒绝外，其他都同意接受访谈；而通过"抖音"和"快手"发的都杳无音信，只有一人加了微信，后续却没有回复。这可能和平台的运营方式、访谈对象的理解框架有关系。这里提示我们，在线上一对一联系访谈对象时，通过什么渠道联系、发的内容是否适合对方理解我们的意图依旧是很重要的。

第三节　是否选择录音

我们在面对面和通过其他媒介访谈时，都会遇到如何记录访谈资料的问题。埋头速记，还是现场录音？抑或是什么都不干，专注对话，等访谈结束后再回忆？除了非正式的聊天，在访谈中一般主要会遇到是否选择录音的问题。录音有着自身的优点和缺点，我们要权衡利弊后再做决定。

一、录音的优点

（一）有助于纠正记忆的自然局限

一般情况下，我们可能会基于直觉对受访者所说的内容进行修饰，或者对访谈内容进行美化。使用录音就可以防止这种现象出现。

（二）录音可以反复听

录音可以作为证据反复听，允许我们对受访者所说的内容进行更彻底的检查，也方便将数据开放给其他研究人员进行公开审查。这有助于反驳一些指责，证明研究没有受到研究者价值观或偏见影响。

如果我们是以团队的方式进行研究的，录音就可以在整个团队之内共享。我之前做的博士后项目，项目伦理要求要有两份录音，所以研究的时候必须有两个人在场，提问的人录一份、研究助手录一份，这样做也能避免数据丢失。在必要的情况下，我们还可以用录音做三角校正，减小我们的价值观或者偏见的影响。

录音还可以帮助我们提高访谈技巧。反复聆听自己的录音，可以让我们反思自己是不是"可爱的人"，提问方式有没有问题，是否遗漏了重要的问题等。我们可以根据自己的录音对语气、语言进行调整，让访谈更亲和，让受访者更舒服。

（三）允许数据以不同于原研究者的其他方式重新使用

当我们或者其他研究者掌握了新的理论思想或分析策略时，可以将录音数据作为研究材料，运用新的理论或方法进行分析，从而得出新的结论。

二、录音的缺点

（一）受访者体验不佳

录音的一个直接的缺点就是可能让受访者感到不快。

（二）转录耗时，数据量过大

转录的过程非常耗时，它通常需要高质量的录音机和麦克风设备，甚至可能需要一台转录机。好在现在的技术比较成熟，录音笔和手机都可以录音，尤其是借助讯飞语音等转录软件，转录成文字稿的效率大大提高。

（三）录音可能让我们产生依赖

我们在做访谈前肯定要询问受访者是否可以录音。如果对方拒绝，就不可以录音。这个时候我们就需要靠短期记忆能力，将对方所说的重点记下来。可以再问问受访者介不介意做笔记，一般对方是不介意的。其实在没有录音技术之前，人类学家做民族志时都是不录音的，而是凭记忆写作。

除此之外，录音可能会让我们忘记人的肢体语言。而在没有录音的时候，我们记录的是整个访谈。在这个过程中，我们就能够去写出更多白描来。大多数人类学的论文都是记录者的白描。

关于记笔记，在这里给大家分享一些技巧。我们可以在访谈中离开一下，到一旁迅速录音复述刚刚讲的话，或者用口袋里的笔记本写下一些关键词。我做博士论文的田野调查时，大部分时候是不能录音的。那时我主要是在晚上和受访者吃夜宵的时候做访谈，录音很不方便，而且夜市很吵。所以大部分情况下都是回到住的地方之后，迅速写下田野笔记。做笔记也是熟能生巧，你练得多了，就可以写得更多。

第四节　预调研

一、什么是预调研

预调研就是"对将在更大范围内使用的方法和程序的小规模测试"[1]。比如在量化研究当中，我们要先测试量表的信度、效度等方面的指标。而在质性研究中，预调研的目的是评估在更大规模的研究中使用该方法的可行性或可接受性。

通俗地说，预调研就是在收集信息，以帮助我们回答"我可以这样做吗?"为了解决这个问题，我们需要进行许多方面的可行性和可接受性研究。以医学领域为例，预调研会关注以下问题（见表3-1）：

---

① PORTA M. A dictionary of epidemiology [M]. 5th ed. Oxford：Oxford University Press，2008.

表 3 – 1　医学领域预调研可行性问题

可行性问题	可行性措施
我可以招募我的目标人群吗?	每月筛查的人数;每月注册的人数;从筛查到注册的平均时间延迟;注册足够的参与者来组成小组的平均时间(基于小组的干预)
我可以对我的目标人群进行随机分配吗?	符合条件的筛查者中,报名参加的比例;报名参加的人中,至少参加一次调查活动的比例
我可以让参与者留在研究中吗?	研究措施的特定治疗保留率;退出的原因
参与者会按照要求去做吗?	研究方案的特定治疗坚持率(亲自参加会议、家庭作业、家庭会议等);特定治疗方法的能力测试
能否按照方案进行治疗?	具体的治疗精确率
评估工作是否过于繁重?	完成计划评估的比例;评估访问的时间;退出的原因
治疗条件对参与者来说是否可以接受?	可接受性评级;定性评估;退出的原因;特定治疗偏好评级(干预前和干预后)
治疗条件是否可信?	对治疗的具体期望收益的评分

二、预调研在社会学研究中的使用

在社会学的质性研究当中,预调研主要关注的问题包括:

我能否进入田野?

参与式观察能否执行?

我的研究问题是否成立?

田野调查是否难度太大?

有没有更好的研究角度?

评估受访者数量。

修改访谈提纲。

确定田野所需要的时间。

是否安全?

做研究要看天时地利人和。如果无法进入田野、无法执行参与式研究、田野调查的难度太大、研究角度不合适，我们可以暂时不做，而是着手于一些有把握的主题。在预调研中，我们还要去评估能找到的受访者数量，以及田野调查的时间成本和资金成本。此外，安全因素也是我们需要考虑的。

比如说，某位男性研究者的研究题目是"穆斯林女性的生命历程"。他去田野预调研后，发现研究题目根本不可行。对于他所研究的穆斯林女性群体来说，跟自己丈夫之外的男性聊天在当地是一种禁忌，这是他做研究之前未曾预料的。发现研究不可行之后，他立刻换题目，改成"穆斯林女性的服饰研究"。

预调研得到的信息可以让我们及时调整访谈提纲。例如，我在做关于女警察的研究的时候，一开始并没有想到能问那么深入的问题。经过了几个预调研访谈后，我们发现研究对象非常健谈，很容易建立起互信。于是我调整了访谈提纲，提出了更深入的问题。

第五节　研究的伦理问题

一、什么是研究伦理

"二战"时期残忍的医学实验倒逼有道德的人们建立研究伦理准则来规范研究实践中的行为，意在保护人类主体（human subject）。对后来的研究者来说，研究伦理为负责任的研究行为提供指导方针。研究伦理还被用于教育和监督正在进行研究的科学家们，以确保高道德标准。

二、研究伦理的一般性原则

最初的研究伦理应用于规范医学和心理学实验，后续研究伦理委员会等机构也加强了对人文社会科学领域质性研究的审查。尽管最初审查原则的设计是基于量化研究，但有一些审查原则是所有社会科学都通用的，包括：

（1）诚实：诚实地报告数据、结果、方法程序和发表情况；不要捏造、伪造或误报数据。

（2）客观性：在实验设计、数据分析、数据解释、同行评议、人事决定、专家证词以及研究的其他方面努力避免偏见。

（3）诚信：遵守承诺和协议；真诚行事；努力实现思想和行动的一致性。

（4）小心谨慎：避免粗心大意的错误和疏忽；仔细和批判性地检查自己的工作与同行的工作，保持研究活动的良好记录。

（5）开放性：分享数据、结果、想法、工具、资源；对批评和新想法持开放态度。

（6）对知识产权的尊重：尊重专利、版权和其他形式的知识产权；未经许可，不要使用未发表的数据、方法或结果；在应予表彰的地方给予表彰。切勿抄袭。

（7）保密性：保护机密通信，如提交出版的论文中注意隐藏资助、人事记录、贸易或军事机密以及受访者、田野点信息。

（8）负责任地出版：出版是为了促进研究和学术，而不是为了促进你自己的事业；避免浪费和重复性发表。

（9）负责任地指导：帮助教育、指导和建议学生；为他们争取福利，允许他们做出自己的决定。

（10）尊重同事：尊重你的同事，公平对待他们。

（11）社会责任：通过研究、公共教育和宣传，努力促进社会公益，防止或减轻社会危害。

（12）不歧视：避免因性别、种族、民族或其他与科学能力和诚信无关的因素而歧视同事或学生。

（13）能力：通过终身教育和学习保持并提高自己的专业能力和专业知识。

（14）合法性：了解并遵守相关法律以及机构和政府政策。

（15）动物护理：在研究中使用动物时，对动物表现出适当的尊重和照顾；不要进行不必要的或设计不当的动物实验。

（16）人的保护：在对人类进行研究时，尽量减少伤害和风险，争取最大限度的收益；尊重人的尊严、隐私和自主权。

三、研究伦理的知情同意问题

除了一般性原则外，质性研究比较关注的就是知情同意问题。

知情同意就是要让对方知道我们在做研究。知情同意的内容包括研究内容是关于什么的，未来研究会发表在哪里，对方有哪些权利。受访者的权利中有一项就是保护隐私的权利，我们要对他们的工作单位、身份信息等做匿名处理。除此之外，我们还要让对方知道，我们不会强迫他们回答所有的问题。假如有一些问题让受访者觉得尴尬或不想分享，受访者可以拒绝回答。最后我们还可以问一下，是否需要在研究论文发表前给受访者阅读。

为了证明研究得到了对方的知情同意，我们可以在录音的时候把对方表示接受访谈的话录下来。假如我们在微信上聊天，可以把对方表示同意的那句话截图保存。

如果研究基金会和学校有相关要求，或者在有条件的情况下，访谈者和受访者之间可签订知情同意书。知情同意书一式两份，访谈者自己保存一份，受访者保存一份。知情同意书的结构一般包含三个部分：第一部分为本项研究的内容；第二部分包括一些选项内容，例如是否同意录音、是否同意成果用于发表等；第三部分为受访者知晓的权利等。

质性研究以研究者为工具，因此研究者对自身位置性（positionality）的考量是不可忽视的，个人的种族、性别、身份都可能导致获取资料的不同。除了遵循基本的研究伦理外，在具体研究实践中还可能会存在反思的空间。总的来说，要根据研究者自身的特质，调整和反思研究执行的措施，这对质性研究完成后的可信度（reliability）来说是非常重要的一步。

第六节　数字化生活与线上访谈的未来

一、什么是线上访谈

新冠疫情暴发以来，与研究对象进行线上访谈的情况变得更多了。

借助数字技术所进行的访谈不等同于数字民族志，后者指的是观察人们在网络社群中的互动。在线访谈（online interview）或电子访谈（e-interview）指的是借助数字技术所进行的深度访谈。虽然任何信息通信技术都可以用于在线访谈，但这里的重点是指研究人员和参与者之间进行实时对话的通信技术。在线访谈主要用于互联网中介研究（IMR），即通过互联网收集原始数据，旨在对这些数据进行分析，为特定研究问题提供新的证据。[①]

在线访谈与次级互联网研究（secondary Internet research）即使用网上找到的现有文件或信息来源进行研究。

学术在线访谈是根据伦理研究指南进行的，研究者在进行任何访谈前应取得受访者的知情同意。

二、线上访谈的优点

线上访谈有很多优点。首先，研究人员可以从多种交流方式（如视频、音频、文字）中进行选择，随时随地与参与者直接交谈，并且可以实现多人访谈。其次，线上访谈打破了地理限制，扩大了访问范围，减少了参与研究的时间和费用的负担。最后，线上访谈让受访者拥有更多选择，不必旅行或接待研究人员、不必去陌生的环境，而且能够更加自由、方便地选择访谈时间。所以，线上访谈对于一些之前在参与定性研究时面临实际限制的群体更具吸引力。

如今，我们的日常生活中，虚拟世界占有很大比重，线上访谈为访问参与者和创建新的数据类型开辟了一个新的世界，而且范围有可能持续扩大。随着技术、实践和基础的日趋成熟，在线定性研究也许会成为主流，线上访谈会有不错的发展。

另外，线上访谈对于数字技术和文化的相关研究十分有用，访谈对象可以随时给我们提供相关的网络资料。

在同一项研究中，线上访谈可以与线下访谈相结合。例如，董晨宇、叶蓁的论文《做主播：一项关系劳动的数码民族志》[②] 就是通过线上访谈与线下访谈相结合的方式进行研究的。在文章中，作者介绍了自己如何在直播间做参与式观察，以及怎么去进行线上访谈。

三、理解线上访谈

与线下访谈一样，线上访谈也需要注意一些问题。要先准备好访谈提纲：明确

---

① HEWSON C. Internet – mediated research as an emergent method and its potential role in facilitating mixed methods research［M］//HESSE – BIBER S N, LEAVY P. Handbook of emergent methods. New York：The Guilford Press，2008：543 – 570.

② 董晨宇，叶蓁. 做主播：一项关系劳动的数码民族志［J］. 国际新闻界，2021，43（12）：6 – 28.

研究的目的，并将研究问题拆解成访谈问题，建立起可行的访谈提纲。如果我们的访谈提纲设计内容周全，线上访谈一样可以做出很好的定性研究。

线上访谈具有不同于线下访谈的优势。如果可以开视频，我们就有可能观察到受访者的家庭空间，或者至少是对他来说相对安静的空间，这样的环境可能会给我们带来一些附加的信息。

但线上访谈具有两面性，它会增加一些人参与研究的机会，也会排除另一些可能无法很好地使用智能手机，或者不适应网络环境的人。

对于使用线上访谈的研究，我们要明确以下问题：

（1）研究人员为什么以及如何选择用于访谈的信息通信技术，以及访谈是如何进行的？

（2）参与者对访谈过程和访谈问题的反应是什么？

（3）线上访谈是按计划进行还是按需要调整，为什么？

（4）如果选择类似的方法，另一个研究人员需要知道什么？

（5）收集了什么类型的数据？考虑到研究的目的，这些数据是否足够和适当？

（6）数据是否允许研究人员构建分析并得出结论，以达到研究的目的？

线上访谈非常依赖技术，我们要事先调试好手机、网络、录音笔等工具。使用可靠的互联网连接和对方熟悉的通话平台都很重要，因此我们要做足技术准备。我们还要思考在线互动有可能会出现哪些干扰，它可能会出现哪些问题，有没有让对方不舒服的问题等。

线上访谈前，我们还要确定几个事项：

（1）对方有没有可能开视频；

（2）再次确认你的手机是否电量充足，网络是否流畅，录音的设备有没有准备好等，提前测试好各个设备。

（3）想一想会遇到哪些干扰，比如会不会有人打电话进来等，要排除这些干扰要素。

有些研究者会用线上焦点小组的方式开展访谈，往往是七八个参与者打开视频交流访谈。然而，并不是所有的访谈都适合这种形式。比如，做女警察研究的内容具有厚重性，不适合大家一起谈；而关于宠物的研究比较轻松愉悦，大家很乐于分享，这种话题就更适合开展线上访谈。

四、案例展示

【案例 3 - 5】 《在线进行定性研究：挑战和解决方案》（Conducting qualitative research online：challenges and solutions）①

研究概述：

文章探讨了到目前为止在线访谈中出现的问题，根据研究的不同主题和特定人群，可以预见的潜在问题以及查阅文献，以寻求在实践中面临的问题的答案。

研究意义：

网络环境在日常生活中越来越重要，这促使传统的定性研究方法进入网络环境，并产生了新的定性研究方法，以应对网络世界的特殊性。

决策者的要点：

（1）如果有健全的方法论和精心改编的方法支持，定性研究可以在在线模式中茁壮成长。

（2）在转向在线数据收集时，权益必须是一个需要考虑的中心因素；在线模式可能增加一些人参与的机会，也可能排除一些人。

（3）不同的技术平台提供不同的优势；适应需要管理虚拟社会环境，并解决在线参与中特定的道德挑战。

在线访谈的三种挑战：

（1）适应伦理挑战：除了通常的研究伦理考虑外，在线数据收集带来了特殊的挑战。例如，在线数据收集会带来不同的隐私风险。在线参与视频意味着研究人员有可能看到和听到参与者的家庭空间，以及其他隐私方面的考虑：一些通信平台要求参与者的个人资料，包括姓名、出生日期、电子邮件和手机号码。

（2）适应新的技术环境：由于在线研究活动依赖于技术的功能和管理，包括硬件和软件，因此需要提前规划。在开始收集数据之前，研究人员应确保潜在的参与者：能够使用硬件（如手机、平板电脑、电脑）；有

---

① CARTER S M，SHIH P，WILLIAMS J，et al. Conducting qualitative research online：challenges and solutions [J]. The Patient，2021，14（6）：711 –718.

可靠的互联网连接；熟悉所选择的平台；有足够的支持来应对技术问题。

（3）适应新的社会环境：与面对面的研究环境相比，研究人员对在线数据收集活动的潜在干扰控制更少，因为他们无法亲自到场提供替代安排或干预。一些参与者可能会把在线互动作为他们日常工作或社交活动的一部分，而其他人则不会。准备好应对在线互动的干扰、不可预测性和舒适度的多样性至关重要。

相应的解决方案：

研究人员在设计在线定性研究时，应将包容性放在首位，并提出将数据收集转移到网上所需的伦理、技术和社会方面的调整。现有的研究表明，以上举措可以帮助实现招募目标，但也会降低所产生的数据的丰富性、参与者的参与程度以及在小组中达成共识的能力。要防止这些问题，需要有意识地进行协商选择。

为了适应伦理方面的挑战，研究人员应特别考虑保护参与者的隐私，以及如何建立融洽的关系并对参与者表示适当的关怀，包括处理痛苦或脱离的协议，管理数据和支持同意。

为了适应技术上的挑战，研究计划应该在清楚地了解其特殊的承受力和这些影响的基础上，在在线模式和平台之间进行选择。

最后，在虚拟社会环境中取得研究的成功需要在数据收集之前制定新的参与协议，注意小组的数量和动态，改变主持人的团队和角色，及时更新研究人员的后勤任务。

【案例 3 - 6】《在一项对肠易激综合征患者的研究中比较 Skype（视频通话）和面对面定性访谈模式：一项探索性的比较分析》 [Comparing Skype（video calling）and in-person qualitative interview modes in a study of people with irritable bowel syndrome：an exploratory comparative analysis][1]

研究背景：

在定性研究中，面对面的访谈被认为是最高标准的采访者与参与者之间的接触。然而，也有其他的采访方式，如电话和电子邮件。由于各种原

---

① KROUWEL M, JOLLY K, GREENFIELD S. Comparing Skype（video calling）and in-person qualitative interview modes in a study of people with irritable bowel syndrome：an exploratory comparative analysis [J]. BMC medical research methodology, 2019, 19（1）：1 - 9.

因，例如成本、时间和隐私，这些方法都有合适的使用场景。尽管对不同访谈方法的相对价值有很多讨论，但很少有研究使用可量化的措施来评估它们的区别。这些研究都没有涉及视频电话，而视频电话是采访模式中最接近面对面的采访。

研究概述：

本研究使用面试产生的可量化措施来探索面对面和视频通话面试模式的相对价值。

研究方法：

通过一项定性研究收集的访谈数据，探讨肠易激综合征（IBS）患者对其病情和催眠疗法的看法，并将使用相同的主题指南进行的面谈和视频电话访谈在长度（时间和字数）、采访者占主导地位的时间比例、产生的话题（代码）的数量以及这些主题所依据的个人陈述的数量方面进行比较。

研究结果：

两种访谈方法产生的字数相似，讨论的话题（代码）数量也相似，但是面对面访谈中，各种话题所依据的陈述数量明显更多。

研究结论：

这些发现表明，在面对面的研究采访中，受访者说得更多，虽然这是在类似的话题范围内。然而，由于时间和预算的限制，在定性研究中使用一些视频电话访谈是合理的。

五、如何做好线上访谈

（一）知情同意

在建立任何关系之前，需要在知情同意书中用通俗的语言解释你的项目，说明你将如何处理他们的个人数据，以及这些信息将会用于哪里。

（二）时差很重要

如果要和不同时区的人交谈，你必须意识到时差是非常重要的。可以使用时区转换器，以确保受访者知晓访谈的正确时间。

（三）有用的采访提纲

开放式问题越多，受访者就越容易自由、公开地描述他们的经历。时间方面，如果你预约了一个小时的谈话，那么你要确保问题清单可以在一个小时内全部完成，并且留出一点空间，让受访者稍微偏离主题，这样或许有意外的收获。

（四）检查技术、网络情况

下载要使用的视频会议软件的最新版本，并且无论使用什么技术，都要仔细检查。访谈突然中断会严重影响访谈质量，因此要有一些备份计划，如果出现技术上的问题，要马上进行相应的处理。

（五）设置场景，准备好是否使用视频

2D 的图像实际上传达了很多信息。你要确保自己在一个相对安静的房间，背景中不要有任何分散注意力的元素，使用一个简单、干净的背景墙可能更好。

（六）不要削减闲聊，以建立融洽的关系

线上访谈没有太多的时间来建立融洽的关系，但建立信任是获得一个真正的好采访所必需的，因此不要削减闲聊。你可以依靠一些话题来活跃气氛，比如"你今天过得怎么样""是不是很忙"。

（七）创造某种气氛

让整个访谈看起来就像只有你和受访者两个人，这是一种信任的对话，可以让受访者放心谈论任何事情。

（八）每当说话的时候，要看向摄像头

确保每隔一段时间，受访者能感觉到你在和他们进行眼神接触。当受访者在回答问题时，你要发出信号，表明他们现在正在接受采访，而你在积极地倾听。你可以通过许多不同的方式来做到这一点，比如多做点头的动作；你也可以通过语言回应，比如"你能多说点吗？这个很有意思"。

（九）发挥创造力

可以设置一些有趣的情境任务让受访者完成，比如，让受访者画画也是一种参

与的方式，能在数字化访谈下发掘一些有趣的物质现实。

（十）不要害怕沉默

沉默也可以作为一种提示，让人说得更多。每当受访者完成一个答案，而你觉得这个答案还有更多细节，或者他们可能会举出一个例子的时候，你可以一直点头，保持安静，表示在期待他们继续说下去。然后，在停顿一两秒后，他们可能会觉得很尴尬，于是继续说下去，讲出故事的另一部分或举出另一个例子。

（十一）捕捉访谈中的瞬间

当你结束访谈，按下结束会议的按钮，你需要迅速记下一些内容，比如这次采访真正打动你的是什么，什么地方突出，什么地方与你的预期不同；但也有一些间接的东西，比如当你谈到某个话题时受访者看起来非常不舒服。这些内容可以帮助你今后更好地进行线上采访，还可以帮助你获得更丰富、更细致的画面，保留在那个访谈环境中的记忆。

复习思考题

找一篇你感兴趣的质性研究论文。根据文章里呈现的研究主题、田野记录，制定访谈提纲，尽可能详细地列出访谈问题。你能罗列出多少问题？它们都属于哪些类型？

第四章

访谈实战：如何成为一个优秀的对话人

在前面的章节中，我们讨论了质性研究的基础理论，以及访谈前的准备。在本章中，我们将开始访谈实战，在应用中练习访谈技巧。

在当今数字化时代，人类学研究者在进行田野调查时，可以有效利用多种数字工具来增强研究的深度与广度。社交媒体和在线社区成为了解研究对象日常生活的窗口，研究者可以通过这些平台与研究对象进行初步接触和关系建立，收集公开的信息资料。同时，通过使用智能手机或平板电脑等移动设备，研究者能够实时采集更多维度的信息，包括文字笔记、照片、录音甚至视频，这不仅提高了数据收集的效率，而且保证了信息的真实性与完整性。

实时通信平台、在线会议软件等工具使得研究者与访谈对象的交流更加便利。但同时研究者也应注意，仅通过网络进行访谈不利于与访谈对象建立紧密联系。与面对面的交流相比，网络交流会损失大量信息，包括受访者生活环境、身体姿态等非言语信息等。此外，判断通过网络访谈获得的信息是否真实可靠也是一件较有挑战的事情。

将线上与线下的访谈相结合，可以充分利用两种方式的优势，获取更加全面、准确的研究素材。首先，研究者可以在线上进行初步接触，通过电子邮件、社交媒体或即时通信工具发送问卷或简短的问题列表，以此建立联系并收集基本信息。其次，研究者可以通过面对面的深入访谈，获取更深层次的理解和个人故事。最后，当线下访谈结束，研究者离开田野后，可以继续利用线上工具与访谈对象保持沟通、分享研究成果草稿、收集反馈，或者就某些特定问题进行补充询问。这种混合方式不仅能增强研究者与受访者之间的信任关系，而且能确保数据收集的连续性和丰富性。

第一节　如何进入田野

田野（field work），有时候也被称为参与式观察（participate observation），指的是研究者通过观察、互动、提问、收集文件、录音或录像及事后反思来生产对事物的理解和知识。[1] 这里的"田野"是隐喻性的，它往往是一个场景或人群。[2] 我们

---

① LOFLAND J, LOFLAND L H. Analyzing social settings: a guide to qualitative observation and analysis [M]. 2nd ed. Belmont, CA: Wadsworth, 1995.

② SEALE C, et al. Qualitative research practice[M]. Thousand Oaks, CA: Sage, 2004.

在田野中不仅仅是研究人类，而且是要通过分析以下三类基本人类经验向田野中的人们学习，或者与他们一起学习：人们做了什么（文化行为）；人们知道什么（文化知识）；人们制作与使用什么（文化技艺）。① 这一节我们将学习如何进入田野，并进行访谈实战。

一、进入田野前的准备工作

确立了质性研究的主题，准备好访谈提纲，在进入田野前，我们要做好充分的准备工作。进入田野的准备工作包括选择研究地点、了解研究地点等。在田野中可能会改变自己的研究焦点，甚至可能长期找不到方向，要做好反复、长期地待在田野里的准备。

我们会遇到的第一个问题是：做研究究竟要选择自己熟悉的地区还是不熟悉的地区？

选择熟悉的地区进行研究的好处显而易见，它是方便我们进入的，甚至我们可能早就处于田野之中，只不过未曾以研究者的身份出现。选择不熟悉的地区进行研究，跨文化的身份则会给我们带来很敏锐的观察力。当他人的生活与我们的生活距离较远时，他们生活的一切，或者说田野中的一切，对我们来说都是丰富的知识。然而，选择不熟悉的地区去做研究也会遇到一些挑战，例如语言不通、文化不通、很难建立起信任等。

总的来说，如果你外向，热衷于社交，容易与人建立融洽的关系，可以选择不熟悉的地区进行研究。如果你内向，有点"社交恐惧"，那么选择与自己连接比较紧密的田野进行观察更为合适。有的时候，出于研究的便利性、访谈资源、个人兴趣或第三方资助等原因，研究者也会在自己所在的机构或组织进行"后院研究"（backyard research）。但作为质性研究的初学者，我们应该对"后院研究"的便利性保持一定的警惕，因为与我们熟悉的访谈对象可能会下意识地认为自己无法提供更多信息，也就是有一种"我要说的你都知道了"的想法，从而影响我们的数据收集。②

下面，我们通过分析项飚老师的《全球"猎身"：世界信息产业和印度的技术劳工》，来阐述进入田野的方法。

项飚老师的硕士论文是著名的《跨越边界的社区：北京"浙江村"的生活史》，

---

① SPRADLEY J P. Participant observation［M］. Fort Worth，TX：Harcourt Brace，1980.

② GLESNE C. Becoming qualitative researchers：an introduction［M］. 5th ed. Upper Saddle River，NJ：Pearson，2016：48.

写的是"浙江村",是他自己非常熟悉的田野点。而他在博士研究阶段去了澳大利亚,通过观察那里的印度移民工人完成了《全球"猎身":世界信息产业和印度的技术劳工》。在该书中,我们看到了作者开展研究的心路历程。他说"要做非中国研究的心不死",并且觉得东南亚跟自己的背景差异不够大,所以他最后锁定了印度移民这样一个有一定文化距离、可以用英语采访、移民区域内生活费用也较为可控的群体进行田野研究。

> 博士生到了牛津之后不久就要决定自己的论文选题。我要做非中国研究的心不死。我当时对印度或者澳大利亚所知甚少,甚至毫无兴趣。我本来想做东南亚,但是担心部分东南亚国家在历史上受中国影响比较深,而且现在有大量华人在,怕别人说我去外国找中国的影子。因此,我觉得东南亚和我自己的背景差别不够大,不能达到我想象的要直面不同、文化震撼、大彻大悟的效果。同时我也想过非洲。非洲是英国社会人类学甚至是全世界的社会人类学最重要的研究基地,产生了一系列基本的人类学理论。非洲对我也很神秘,因此很"正宗"。但是考虑我学英文已经困难到这个地步,再学第三种语言并不现实。最后在综合考虑下选择了印度。对语言的考虑也促使我将"技术移民"确定为目标群体,因为我可以完全用英文采访。而我选择悉尼作为移民城市的案例代表,则是因为我听说那儿的生活费用要低于绝大多数其他印度移民聚居的城市。从直觉上判断,我认为研究澳大利亚应该比研究已经引起广泛兴趣的美国更有趣。①

从这一段话可以看出,第一,我们不一定要有问题意识后才进入田野,我们可以先有研究的主旨,再进入田野。第二,我们要考虑个人学术背景和学术方向,明确自己是想要颠覆既往的研究,还是想顺着既往的研究继续深入。第三,我们要考虑自己和田野的兼容性以及进入田野的可行性②,也就是说,我们作为质性研究的工具,能否融入田野,将被如何接受和看待,以及我们个人的主体性在田野中会发

---

① 项飚. 全球"猎身":世界信息产业和印度的技术劳工 [M]. 王迪,译. 北京:北京大学出版社,2012:37.

② LINDLOF T R, TAYLOR B C. Qualitative communication research methods [M]. 3rd ed. Thousand Oaks, CA:Sage publications, 2011.

挥怎样的优势和劣势。① 可行性则主要包括进入田野的成本，包括物质成本和语言学习成本，以及在田野中需要待的时间。考虑到以上种种要素，项飙老师最终选择澳大利亚的印度移民作为研究对象。

  在去澳大利亚之前，我借助互联网联系了当地一些印度社团。在 2000 年 1 月到达悉尼后，我立即开始了实地调查。在头一年里，我调查的是我自己勾画的那个无形的"流散于国外的空间"，我试图了解印度专业人士是通过什么交流手段和跨国网络来改造、维持这一空间的。我强迫被访者回答："您感觉自己是印度人、澳大利亚人、两者都是，抑或其他？"大多数的被访者都非常礼貌，努力想一些说辞来给我一个答案。但是有一天一位在悉尼开 IT 培训班的印度人，可能实在受不了了，对我说他那天感冒，不能帮忙，问我能不能问些简单一点的问题。我也感到自己的调查既费劲又无趣。但是我不知道问题在哪里，更不知道怎么去找出路。我一度认为，当今的民族志就是要非结构、反系统，所以我的迷惑和被调查者的尴尬可能都是常态，要咬牙坚持，就可能取得"真经"。

  在折腾了一年多之后，2001 年 2 月的一个下午，我疲惫至极，到悉尼港湾边散步。我的脑子早已经是一桶糨糊，无力思考如何遣词造句来描述"流散于国外的空间"是如何多面的、多层的、多彩的……我任由被采访者的故事在脑海中回放，放手让感觉带着我走。我忽然在眼前看到了一束光芒。印度专业人士中那些从业 IT 的职业人士，他们如何通过中介代理来到澳大利亚，如何找工作，丢了工作之后又怎么办的故事，即所谓的"猎身"过程，突然浮现出来。印度移民的流动不完全是个人行为，而是被在印度的劳务公司（"劳力行"）招聘，在名义上和该劳务公司形成雇佣关系，而后该公司通过和在澳大利亚的劳务公司（通常也是印度人所开，也被称为"劳力行"）的合作，把人派到澳大利亚来；来了以后，澳大利亚的劳务公司与来的印度人形成名义上的雇佣关系，但是把他（她）发包到其他 IT 公司工作，并从工人的工资里抽头作为利润，而真正的 IT 公司给这个印度人提供工作，但是不形成劳务关系。这样，IT 公司可以随时解雇

---

  ①　TRACY S J. Qualitative research methods：collecting evidence，crafting analysis，communicating impact［M］. Malden，MA：Wiley-Blackwell，2013：12.

工人，从而使高度灵活和具有弹性的劳动力市场成为可能。这些故事有棱有角，相当厚重。我立刻赶回住处将所有的调查笔记重读了一遍。到晚饭时我即做出决定：将我的研究焦点转向 IT 职业人员的流动，尤其是他们的劳力输出过程。这几乎完全偏离了我原来的题目，我当时猛然决定要这么跳跃基本上是凭直觉，我也不知道新的关注点会有什么理论含义，我只是觉得我不能再自欺欺人踌躇于"流散于国外的空间"。劳力输出的过程显得非常丰厚真实，我感觉我能用手指触摸，我无法抗拒。①

一开始项飚老师设想的调查主题是"流散于国外的空间"。他强迫被访者回答一个问题，去定义自己的身份，但是到了某个阶段后，他发现自己的研究既费劲又无趣，无以为继。所以说，实践是最好的检验方法。项飚老师并不是在进田野之前就觉得研究一定可行，而是在预调查中进行检验。当他觉得研究不可行的时候，就决定换题目。他发现澳大利亚有很多印度人开的"劳力行"，也就是劳务公司，这些劳务公司的数字工人是做零工经济的。这些跨国零工有劳力输出的过程，也有文化适应的过程，这个题目就很有趣。

我们可以从项飚老师进入田野的过程中学到一些经验。研究者要给自己一点时间，在田野里面去找问题，而不是希望一进入田野就知道要做什么。有的研究者可能有自己感兴趣的研究场所，但还不知道会有什么研究问题，于是他就去田野里闲逛；还有一些研究者有自己感兴趣的现象，然后从现象找到田野。② 在实际中，我们可能会更多地采取迭代的方法（iterative approach）③，也就是在现有的理论和研究兴趣，以及实际发现的定性数据间穿梭，最终确定田野和问题。很多初学者可能想尽快把论文写出来，感到很焦虑，但做田野调查必须经过一个过程，那就是要去接触田野，去思考，去打磨你对于田野的直觉，最终找到最合适的问题。如果你在做研究之前就已经知道了答案，这不是质性研究需要做的。

---

① 项飚. 全球"猎身"：世界信息产业和印度的技术劳工［M］. 王迪，译. 北京：北京大学出版社，2012：39－40.

② TRACY S J. Qualitative research methods：collecting evidence，crafting analysis，communicating impact［M］. Malden，MA：Wiley-Blackwell，2013：10.

③ MILES M B，HUBERMAN A M. Qualitative data analysis［M］. Thousand Oaks，CA：Sage，1994.

二、如何获准进入田野

研究者进入田野要有一些天时、地利、人和的条件。首先，研究者要能够接触到关键的人物或者机构，需要获得相关人员或机构的知情同意，也就是获取"守门人"的同意。① 它不仅仅是法律的问题，更为重要的是，它还能让你的研究对象知道你做研究的目的。因为质性研究与量化研究不同，质性研究的对象是有能动性和自由意志的。所以，为了让他们能参与、帮助研究，研究者就需要让他们理解这项研究。这也是为什么质性研究将研究对象称为"参与者"（participants）而不是"被试"（subjects）。②

数字时代下，互联网成为田野的情况十分常见。库兹奈特认为，与线下民族志相比，网络民族志进入田野的方法不同，"参与""观察"的意味也不同。③ 我们通过分析以下文字，认识如何让数码民族志中研究者的身份合法化。

> 笔者从 2018 年 4 月进入微博平台，前后经历了秦奋（2018 年 4 月—2018 年 5 月）、杨文昊（2018 年 5 月—2018 年 6 月）、朱一龙（2018 年 6 月—2019 年 10 月）、王一博（2019 年 8 月—2019 年 10 月）的四个粉圈，并在 2019 年 3 月—2019 年 10 月的 8 个月时间中长时间浏览晋江网友交流区（以下简称"兔区"）这一匿名的娱乐圈讨论区，总共进行了长约 18 个月的网络民族志研究。网络民族志是在虚拟环境中进行的针对网络及利用网络开展的民族志研究（卜玉梅，2012）。之所以采用这种方法，首先是因为粉圈的封闭性，其具有集体隐私，需要内部成员保守秘密（Maffesoli，1996；王宁，2017），对"局外人"有着非常强的戒心和不信任感。因此，在社群进行资料收集时，通过问卷和访谈了解粉丝的数据和真实想法几乎是一件不可能的任务（王洪喆、李思闽、吴靖，2016）；而网络民族志能够通过长时间沉浸式的在线参与式观察获取文化

---

① GLESNE C. Becoming qualitative researchers：an introduction［M］. 5th ed. Upper Saddle River，NJ：Pearson，2016：57.
② TRACY S J. Qualitative research methods：collecting evidence，crafting analysis，communicating impact［M］. Malden，MA：Wiley-Blackwell，2013：66.
③ 库兹奈特. 如何研究网络人群和社区：网络民族志方法实践指导［M］. 叶韦明，译，重庆：重庆大学出版社，2016.

持有者的内部视野（卜玉梅，2012）。同时，詹金斯开创的"学者粉"（aca-fan）的研究思路也认可了学者作为"局内人"进行观察和研究的合理性和合法性（詹金斯，2016）。①

从这篇文章的研究方法部分可知，研究者从2018年4月进入微博平台，前后经历了四个粉圈，长时间浏览晋江网友交流区，做了18个月的网络民族志。他解释道，这些粉丝对于局外人有着非常强的戒心和不信任感，因此在社群进行资料收集时，通过问卷和访谈了解粉丝的数据和真实想法几乎是一件不可能的事。但是网络民族志可以通过长时间沉浸式的在线参与式观察，获得内部视角。因此，他的粉丝研究主要是以"潜水"身份去做的。

在田野的18个月中，笔者早期与其他粉丝互动较多，后期由于资料逐渐饱和且已熟知饭圈的信息源，互动频率逐步降低，主要作为一个匿名潜水者进行观察和记录。为了收集资料的便利，笔者遵守饭圈规范，在不同明星粉圈的转换中，陆续开了三个微博账号，各关注了300～500位粉圈中各类型的活跃用户、意见领袖（KOL，也称"大粉"）、娱乐记者、内容行业KOL等，加入了多个粉丝的微博群、QQ群，持续观察其发言并与其对话。不仅如此，笔者前期和中期也完全沉浸式地参与了粉圈各种类型的网上活动，如数据分析、打榜签到、轮博、买代言、反黑、控评、洗广场、洗热搜等，并追溯各个事件的参与方、行动动机、发展过程等，成为一个真正的和粉丝们有情感共振的"粉丝"。此外，由于笔者在线上并没有和大粉发展较为亲密的私人关系，因此笔者在线下通过深度参与饭圈的学生的私人关系访谈了R明星粉圈中的一些大粉，以获取在线上无法获取的大粉未表露的私人想法。通过这些调研，笔者熟知了社群的每个概念、规范、特殊用语、特定仪式（孙信茹，2017）、日常活动和权力博弈。在田野后期，资料达到饱和，笔者也逐渐抽离，脱离了粉丝身份，对资料进行回溯、整理和分析。②

---

① 周懿瑾. 偶像忠诚与"部落流动"：生产规范与嵌入性的作用——关于粉丝爬墙和脱粉的网络民族志［J］. 中国社会心理学评论，2021（1）：144-178，272.
② 周懿瑾. 偶像忠诚与"部落流动"：生产规范与嵌入性的作用——关于粉丝爬墙和脱粉的网络民族志［J］. 中国社会心理学评论，2021（1）：144-178，272.

在这段文字中，研究者介绍了选择参与式观察的方式。在研究的前期和中期，他是完全沉浸式地参与了粉圈各种类型的网上活动，如数据分析、打榜签到、轮博、买代言、反黑、控评、洗广场、洗热搜等。通过这些活动，他找到了一些"守门人"（gate keeper）。通过深度参与饭圈的学生的私人关系，访谈了一些"大粉"，去了解社区的每个概念、规范、特殊用语和特定仪式。随着资料达到饱和，他逐渐抽离，对资料进行回溯、整理和分析。

接下来，我们再来看一下如何进入互联网之外的田野：

> 话说被阿严孤零零地放在了"红灯区"之后，我开始天天斜挎着背包，满大街闲逛，试图找到一点点突破口。（据街边小卖部的阿姨说，当时她就觉得，我是多么奇怪的一个闲人；但是阿姨坚信我不是"小姐"，她说我的气质不一样。反而是出了"红灯区"，我的一位不认同我研究方向的圈外朋友老是说，我身上一股子"小姐"味，试图以此劝我出行）或者学名叫：进入田野。田野，虽然边界模糊，但是总是有一些关键点。当时，对于我来说，认识一个能谈得深入一点的朋友、能坐进发廊，这就是关键点。
>
> 需要插播的是，在进入田野的过程中，没有"关系"、没有直接关键人的下场，就是你要花相当大的工夫，自己去摸索、建立关系。你会不断地被当作碍事的皮球一样踢来踢去。
>
> ············
>
> 我是以借撑衣杆（衣服叉）为由，和她打了第一个照面，虽然自己也觉得傻，但是傻得太有意义了。我师门的姐妹兄弟大多是靠自己去打通人际关系，所以如何跟"小姐"打第一个照面，八仙过海，各有各的招。唯一相似的是，大家都练得脸皮厚，"小宇宙"极强。[①]

如果没有认识的"守门人"，我们如何找到"守门人"，如何进入田野？在这段文字中，作者黄盈盈提到，没有"关系"的话，就需要自己去摸索和建立关系。关系的建立很可能是非常偶然的。比如，黄盈盈通过"借撑衣杆"的偶然行为认识了第一个"小姐"。这也说明了上一章提到的，在质性研究中我们要用大量时间去允许偶然性的发生。

---

① 黄盈盈，等 . 我在现场：性社会学田野调查笔记［M］. 太原：山西人民出版社，2017：28 – 30.

实际上，人和人的交往本来就有很多的可能性。有一些人际关系是比较正式的，比如在职场上认识的人，我们可能不知道对方私下是什么样的。要想改变这种关系，拉近双方的距离，男性之间可以一起喝一次酒，女性之间可以一起逛街。例如，我们做宠物研究的时候，我们就问访谈对象能不能一起去猫咖，这种做法能够让你迅速进入某个圈层。值得注意的是，在和访谈对象见面时，我们也要根据他们的身份注意自己的外表和肢体语言，就像面试一份工作一样。① 如果访谈对象是工人，我们就不应该穿着西装出现。我们每个人都有不同的身份，访谈对象其实也是一样的。不是每一个研究者都能做到让访谈对象放下正式身份，看到他们真实的经验和想法。

第二节　如何与访谈对象建立信任

要让研究者与访谈对象建立起信任关系，在于理解身份，理解双方关系并真正地融入群体。首先，我们不能有高度的企图心，不能满眼只有自己的论文，不能让受访者感觉我们去认识对方只是为了获取研究的材料，而是要保持人与人之间的关爱和兴趣，让受访者感觉到你想要了解他，你对他感兴趣。

我们仍通过《我在现场：性社会学田野调查笔记》中的一段文字，理解获取信任的方法。

> "为什么要研究这个？这有什么好研究的呢？"—— 她们才不这么问，这是学者的问题。人家的第一个问题——"是不是卧底，是不是警察？"第一个问题你的朋友能给你做证了，说不是警察。第二问——"是不是记者？"要是记者就"掐死"。记者在她们眼里是第二可恨的。然后就问你来干吗。
>
> "那你来这地方干吗？"这个问题第三天就解决了，她们用她们的世界给你解释。我说："我只是来看看。"
>
> 其实大多数底层人，生活很简单，世界很狭小。她主要判断的是你会不会害她。警察和记者都是会"害"她的，而你就是一个"来看的人"，

① GOODALL H L. Writing the new ethnography [M]. Lanham, MD: AltaMira Press, 2000.

她才不管你是不是有什么嗜好啊，是不是变态啊，她没这些概念。

…………

这些都不是做学问的问题，是为人处世。有一个预防艾滋病的男医生说："潘老师，我看你写的书，我不信，见你这个人，我就信了……你没架子。"

不光是这个啦。人跟人讲的是以心换心，你去了，不能有那么多隐私。我在 A 市的时候，帮我调查的"妈咪"，打电话跟我夫人聊天。那时候打长途多贵呀，她打了三次，都是半个多小时。我夫人直劝她，我给你打吧。不行，还是要她打。后来我走了，她也走了，还记得打电话告诉我。

我有一次离开"红灯区"的时候，有一个"小姐"，三十多岁了，跟我说："你娶我吧。"

后来好几个记者和学生都问我："你怎么回答的？"还有人转述成：有一个"小姐"要嫁给我。每次遇到这种情况我都说："'小姐'这话让我很感动，可是你这样问，我却很痛心。"

…………

人家想嫁给我吗？天啊，人家说的是，你这个人还不错，有资格娶我了。你以为人家是"小姐"就想攀高枝啊？才不是呢，这是表扬。①

要想获取访谈对象的信任，我们可以这样做：

访谈之前，我们需要先向访谈对象阐明自己的身份。我们要澄清自己是在做研究，而不是记者，不是竞争对手派来的卧底，也不是警察。我们要讲清楚研究的目的，还要告知访谈对象，最后的论文中不会出现他们的真实身份，只会用他们的故事作为研究的诠释。将心比心，才让对方放下戒备。值得注意的是，在质性研究中，我们一般不会在刚和访谈对象接触时就拿出一份措辞严谨、长篇大论的知情同意书，这反而会引起访谈对象的戒备心，仿佛是在暗示他们我们不值得被信任。②

接下来，我们就可以自然而然地跟对方打开话匣子，让他们为你讲述故事。怎么让对方更愿意讲述呢？首先，我们可以让访谈对象感受到自己说出来的话是有意义的，是可以帮助他人的。比如，对于患有艾滋病的访谈对象来说，讲出自己的故

---

① 潘绥铭. 我在"红灯区"[M]//黄盈盈，等. 我在现场：性社会学田野调查笔记. 太原：山西人民出版社，2017：5－9.

② BHATTACHARYA K. Consenting to the consent form：what are the fixed and fluid understanding between the researcher and the researched？[J]. Qualitative inquiry，2007，13（8）：1095－1115.

事是一种"遗产"，而研究者可以通过这些故事帮助他人从而赋予访谈对象生命意义。① 其次，我们还可以让访谈对象感觉到自己被"选择"的特殊性，让他们觉得自己是有某些长处和才能才被邀请接受采访。② 如果长时间沉浸在田野中，我们会逐渐认识到更多与他们相关的人，可以去做更多的访谈。最后，我们做访谈的对象不能太少，有更多的访谈对象，才能够让机会发生，让意外的故事发生。

再来看看《全球"猎身"：世界信息产业和印度的技术劳工》里面的一段描写：

> 一旦我把焦点转到"猎身"上面，我和我的被访者们——现在被明确界定为 IT 工人——的日子都变得好过多了。对于我的被访者们而言，"猎身"中的种种问题正是年轻的印度 IT 人关心的问题，我甚至都用不着问，他们自己会跑来跟我讲故事！如何找工作、如何和"劳力行"打交道，正是他们想和我讨论的！我和 IT 工人之间的关系是完全透明的。我就是一个为了获得学位而迫切需要他们帮助的学生。与工人们讨论时，我也如实地表达我的观点。在我看来，这并没有扭曲他们的观点和行为，反而非常有效地帮助我更好地理解他们，比如我经常告诉他们，他们的"劳力行"担保人的一些解释和要求不合乎法律，我也鼓励工人们起诉那些违约的"劳力行"担保人。我的劝告越直率越积极，工人们的反映也就越诚实越直接。他们会详细和我讨论可行性，或者告诉我他们为什么觉得行。
>
> …………
>
> 但是"猎身"绝不是一个可以彻底放开讨论、完全透明的话题。因为打政策的擦边球是"猎身"运作的一个重要特征，它具有敏感性。在这点上，我觉得我可能比来自西方国家的学者更容易赢得调查对象的信任。我来自中国，又和任何西方国家没有实际关系，我的调查对象信任我不会对他们的行为轻易形成道德判断，而对他们的动机会有更同情的理解。我的印度 IT 朋友在谈及对未来的憧憬和生活规划时，往往将我与他们划为同一类人，他们经常不由自主地说："咱们印度人和中国人……"我可以毫无顾忌地和五个印度同伴以及无数的蟑螂一起睡在地板上（主要是在悉尼，

---

① WEITZ R. The interview as legacy：a social scientist confronts AIDS［J］. The hastings center report，1987，17（3）：21 – 23.

② RUBIN H J，RUBIN I. Qualitative interviewing：the art of hearing data［M］. 3rd ed. Thousand Oaks，CA：Sage，2011：78.

在海德拉巴的居住环境则要好得多）；我的印度同伴也毫无顾忌地让我这么做。我对他们的许多日常感受——比如在为钱担心的同时又想显示慷慨大方——有很自然的同情理解。如前所述，我选择印度移民作为研究案例，在一定程度上是为了保证研究对象与我有足够的差异，以使得我可以符合正统（西方）人类学的要求；然而我却发现，至少对我的实地调查而言，被访者与我之间的共性比我们之间的差异性更为重要。显然，我们的共性不在于文化，而在于我们在世界体系中的位置。我以为对调查对象这一政治经济学意义上的位置的体察是至关重要的。

…………

"猎身"的研究重点把我和我的研究对象之间的距离一下子拉近了。这并不意味着我和所有的人关系都一样近；相反，所谓拉近、所谓进入（群体），意味着我看到了其群体内部的复杂关系。而只有当我看清这些复杂关系，根据其内部关系建立我和他们的联系，把自己化为其既定结构的一部分，我才可以说是真正进入了这个群体。[①]

在这段描写中，我们看到项飚老师找到与印度 IT 工人的某种共性，这种共性不在于文化，而在于中国和印度在"世界体系中的位置"。项飚老师来自中国，与任何西方国家没有实际关系，这些身份特质更容易得到印度 IT 工人的理解。项飚老师深入印度 IT 工人的生活之中，"可以毫无顾忌地和五个印度同伴以及无数的蟑螂一起睡在地板上"，这些行为让他能够深入群体内部，看清其中的复杂关系。

第三节 优秀或糟糕的访谈是什么样的

一、糟糕的访谈

糟糕的访谈往往是一问一答、内容不丰富、未能形成交流的，得到的答案是

---

① 项飚. 全球"猎身"：世界信息产业和印度的技术劳工［M］. 王迪，译. 北京：北京大学出版社，2012：40 - 42.

"是"或"否"的，没有展开具体故事的。这会导致研究者采访时间过短，没有问出来龙去脉。

我们通过一个具体的访谈例子来剖析糟糕的访谈是怎么样的。这个访谈因为效果不理想，就没有做下去。研究的主题是虚拟主播（VTuber），我们首先与受访者展开了以下访谈：

问：你一般每个月会在 VTuber 上消费多少呢？充值、打赏这些。

答：就给鹿乃氪（充值）过两个月的舰长，就这个。

问：好的，那我想了解一下关于 VTuber 皮套方面的问题。你自己有特别喜好的皮套外形吗，或者说你会更关注哪种类型的皮套呢？喜欢可爱一点的还是成熟一点的？

答：偏可爱一点的吧。

问：如果是"中之人"声音、外形服装都很可爱的 VTuber，对你而言会有怎样的感觉？想要谈恋爱还是保护、交流？

答：想要交流吧，说说话什么的。比如鹿乃，我是喜欢她声音才开始看的，所以想听听声音什么的。

我们接着展开了进一步的提问：

问：你会更多关注 VTuber 的哪些方面呢？

答：声音和性格。

问：比较可爱的声音和性格吗？

答：对。

问：了解。我还看到你关注了 A-SOUL，你应该也注意到了之前闹出的那个大事件吧，作为粉丝你会怎么看待这个压榨"中之人"的事件呢？

答：我还是挺心疼她们的，希望她们能获得与自身努力成正比的收入，也希望珈乐能早点回来。

问：我之前还看到有一个 AI 乃琳，这个是真的吗？

答：我不是字节员工，我不知道。

问：了解了解。那我也了解得差不多了，太感谢你了，你的信息还是有很大帮助的。

答：好，能帮到你是我的荣幸。

从访谈提纲的角度来看，这个访谈本身是没问题的。但在具体的实践中，我们看到这个访谈的内容并不丰富，只是研究者与研究对象在一问一答，未能形成交流。实际上，我们可以根据研究对象的回答内容进一步追问，拓展问题的丰富性。例如，当研究对象提到换装（皮套）方面的问题时，我们可以追问："你觉得怎样的服饰会增加观众吸引力？""会不会有一些暗示？"这样的问题就能引导研究对象打开话题，继续展开来谈更多的内容。

由于这个研究的主题是粉丝对 VTuber 的看法，我们还可以进一步询问研究对象，例如：

> 有没有别的喜好？
> 怎样看待同人或二创的关系？
> 粉丝对于虚拟主播的消费动机是什么？

我们也可以进一步询问关于粉丝社群的问题，例如：

> 粉丝社群是怎样凝聚在一起的？
> 这个社群有什么特别的文化？
> 你最常逛的是哪个社群？
> 有没有关注某些同人或二创产品？
> 如何看待这些二创产品当中出现的软色情或性暗示？
> 有没有参加这些粉丝活动？

最后，我们还可以问关于 VTuber 背后的"中之人"等问题。但追问的前提是聊天处于一个好的状态。如果整个的聊天氛围过于冷淡，我们是很难去继续追问的。

这个访谈还存在一个问题，就是在访谈结束之后，研究者没有对研究对象产生具体的认识，甚至没有办法拼凑出故事。这里面可能有很多原因，其中一个原因是研究对象是爱看虚拟主播的一个群体，研究者没有办法在线下见到他们。不管是研究对象也好，还是我们研究者本身也好，如果打不开话匣子，那就不是好的访谈。

二、优秀的访谈

好的访谈提纲是怎么样的呢？能够问出比较丰富的问题的就是好的访谈提纲。但是，不一定要有好的访谈提纲才有好的访谈。因为好的访谈并不仅仅是问好问题，而是要"创造一种可行的、舒适的互动，这种互动得以引出参与式的、诚实且有趣的对话"①。这也是为什么许多有经验的访谈者不需要访谈提纲也可以做出重要的研究。

判断一个访谈是不是好的访谈，在于能不能问出一件事情的来龙去脉，能不能得到立体丰富的信息，能不能得到论述，能不能铺开讲述一个故事，等等。我们想要通过访谈获得"意义"，而不只是了解事物的表面。②

这里再以第三章提到的关于女警察的研究为例，进一步了解好的访谈是怎样的。

问：那往上晋升的空间呢？对男的、女的都一样吗？

答：嗯，我觉得是稍微有差别的。因为毕竟很多情况下，可能有一些职位男生更适合一些，这是实话。

问：哦，一般来说做警队的领导要具备哪些品质或特质？

答：我觉得跟外面的也差不多，一样的。能说，肯定要能说最好。

追问：你是说外向吗？还是说什么？

答：交流。我们现在都竞争上岗，考核中的一项就是你要能说。在我上学的时候，我爸当时去考核，他说比人家低0.5分的原因就是普通话不及格。我也蛮惨的。做警察跟普通话有关系，你可能需要表述，你代表警队的颜面，要在外面讲话。在考核的时候，有一些题目给你一个场景，要你当场表述出来，毕竟他不可能把你带到外头去考核你。要开始竞争上岗那天时，我看他们都在那背。我讲得很实际，没有拿虚的跟你讲。

这个访谈中，我们提出了一个问题："一般来说做警队的领导要具备哪些品质或特质？"受访者一开始回答："我觉得跟外面的也差不多，一样的。"但是她又补充了一句，"能说"。于是我进一步追问"能说"背后的含义："你是说外向吗？还是说什么？"经过追问，受访者讲出了警察语言考核的故事，我们可以从中做出很多诠释——厘清并扩展受访者的答案。③ 这样能谈出丰富立体的信息，能够铺开讲

---

① TRACY S J. Qualitative research methods：collecting evidence，crafting analysis，communicating impact［M］. Malden，MA：Wiley-Blackwell，2013：159.

② RUBIN H J，RUBIN I. Qualitative interviewing：the art of hearing data［M］. 3rd ed. Thousand Oaks，CA：Sage，2011：103.

③ TRACY S J. Qualitative research methods：collecting evidence，crafting analysis，communicating impact［M］. Malden，MA：Wiley-Blackwell，2013：161.

述故事的，就是比较好的访谈。

问：嗯，那普遍来说，你们单位的领导层有没有女性？

答：嗯，派出所这个层面非常少，基本上没有。但是分局以上会有一些女性领导，但很少。这是为啥？因为派出所本来就是个派出机构，对吧？它面对的是最基层的群众，不像分局以上面对群众的口子那么少。第一个是派出所现在的工作环境，上面的每一个都是我们的领导，每一个都会下达指令，工作量特别大。每一个口子现在都是可以往派出所下达指令的。哪个能不接呢？最后就变成全接，就是工作量特别大。

问：所以是因为觉得工作量大，可能都是女生做不了？

答：女生就是按照事业上的任期，一般来说像新的一批的"80后"领导都是20多岁到30多岁，这个阶段很多女性可能正在生娃或者正在结婚，你说她生娃了怎么办？她的工作谁接啊？我觉得全给男性也是正常的。因为真的生娃了，你不可能把人降职或者怎么样吧？但是你给了她，你会导致派出所肯定有一部分的工作就懈怠掉了。

问：而且现在可以生两个。我原来可能有一个误区，一直以为派出所就像你说的是直接跟民众沟通的那种（机构），我以为会需要更多的女性，因为女性更善于与民众接触。

答：没有。有很多事情女性很难办。我们每天接触很多的警情，比如我们碰到很多的精神病患者，女性怎么制服？碰到一些蛮不讲理的，碰到使用武力的，还有碰到很多执勤上的突发情况，全是女性怎么搞？还有就是现在有一些突发事件处置。比如最近那种金融"P2P"事件，一群人围着你，作为警察，处置这些事件特别纠结。

有了前面内容的铺垫，接下来的田野过程就非常顺利了。我们打开了女警的话匣子，在这段对话中，我们提出"普遍来说，你们单位的领导层有没有女性"这个问题后，女警很自然地说出了女性领导少的原因。在这段话中，我们也有一个很重要的发现，女警认为结婚和生小孩是非常自然的事，她们也觉得晋升的机会给男性是正常的、合理的。

我们本以为在派出所里跟民众直接沟通做工作的更多是女性，然而女警提出在实际的执法过程中可能需要用到武力，比如遇到患有精神病的、蛮不讲理的人，以及一些群体事件，女性难以处理。这几句话的内容很丰富，有场景，有故事的脉络，有她觉得合理的东西，有她觉得困惑的东西，但她以一种自己已经理解的方式告诉我们具体情境是什么样的。

总而言之，在这场访谈中，受访者讲的东西很多，访谈者接得上话，能够畅谈日常遇到的事情，这样的访谈就是成功的。

另外还有一点，就是有时候研究对象会告诉你，"我觉得别的事情对你来说更重要"，或者他们觉得你错误地理解了一些事,① 这种也是非常好的研究契机，也是访谈作为一种叙事实践的偶然性②的体现。访谈是在持续的互动中进行的。在这种互动中，参与的双方都会在提问和回答中持续建构和反思自己的角色，而不是将访谈对象视为我们挖掘出固定问题的固定答案的"容器"。例如《性／别、身体与故事社会学》里面的一段记录：

> 文姐：可以不要那么发掘这一点不？因为非常多的人来问，做访谈，都想把这件事找出一个成因，或者是原因，但其实不是这样的。然后，可不可以不要在这一方面问：她为什么变成这个样子……
>
> 陈：我倒也不是纠结您为什么变成这样，我就是想知道您那个是怎么经历过来的。
>
> 文姐：我先暂停一下。因为，一旦你把一个人的经历写上，呃，像媒体采访我，先问你谈过几次恋爱。然后报道就写，啊，她，谈过几次恋爱，然后，就变成这样了！然后，就是，因果关系都没有，你为什么要这样，把这个放在前面……
>
> 陈：就是说媒体会把你这个事由什么原因导致这样（来解释），是吧？
>
> 文姐：就是，你不说这是成因导致，但是，你非要放一个人生经历在这，就跟那个事等价。你跳过怎么变成这样的。
>
> 陈：嗯嗯，跳过。那你高中以前有谈过恋爱吗？
>
> 文姐：天呐！你能不能问我做决定之后的事儿？
>
> …………

---

① RUBIN H J, RUBIN I. Qualitative interviewing: the art of hearing data [M]. 3rd ed. Thousand Oaks, CA: Sage, 2011: 104.

② TASHAKKORI A, TEDDLIE C. Sage handbook of mixed methods in social & behavioral research [M]. 2nd ed. Thousand Oaks, CA: Sage, 2010: 33.

陈：那您可以具体讲一讲你是怎么跟媒体打交道的吗？

文姐：怎么说呢？（媒体）来采访我，请我说出情感史。我说了半天，然后（媒体）写出来的文章是，这个人的情感史是这样的，所以，这个人是这样的。

陈：就您接触过的所有媒体，对您的采访，最后都变成这样吗？

文姐：一半以上吧。就是说要不然是情感史，要不然是一个童年经历，要不然是什么，她认识了谁，接触了什么东西。或者即使他没有写这个东西，最后也会请一个专家出来，然后他有一个这样的结论。

陈：一个专家呀？

文姐：对，然后专家出来说这些人都是这样的。

陈：那个专家是什么专家呢？是医学专家还是……？

文姐：他拜访了什么什么专家，然后通常就是他拜访了某个专家，他也没说明白是哪个专家，或者是一个从来没听说过的专家，然后弄一个非常奇葩的盖棺论定的结果。①

这段记录中，访谈对象文姐说："天呐！你能不能问我做决定之后的事儿？"从此处我们可以推断，当访谈对象说出"你能不能问我别的事情""我觉得别的事情对你来说更重要"之类的话时，可能是一个非常好的研究契机。这种契机能够发挥访谈对象的能动性，访谈双方共同创造故事，而一个好的访谈正是由双方能动地建构的。② 这是一种你来我往的沟通关系，而不是两个人各聊各的。如果对方没有接上话来，我们也可以问对方"那你怎么看""之后发生了什么"之类的问题，引导对方与我们共同创造并发掘故事。

最后，我们总结一下一个优秀的访谈所具备的特点：

（1）能做到内容丰富、情节惊险刺激、故事性强、读起来有意思；

（2）能完整地呈现出"5w1h"（who, what, when, where, why, how）的基本细节信息；

（3）能获得事实性信息，了解对方对于事实性信息的体会，能根据访谈拼凑出对方是什么样的人；

（4）在访谈结束后，能写出一段关于对方的白描，能大致知道对方的身世、所

① 黄盈盈. 性/别、身体与故事社会学［M］. 北京：社会科学文献出版社，2018：171 – 177.
② HOLSTEIN J A, GUBRIUM J F. The active interview［M］. Thousand Oaks, CA：Sage，1995.

处的人生阶段；

（5）能知道自己提出的问题处于对方生活的位置；

（6）能将访谈与一些理论或社会学轴线（如阶级、身份认同、受教育背景、性别、职业）联系到一起。

第四节　访谈设计练习

假如让你针对网络市场主播设计一个访谈提纲，以了解主播如何理解平台与公会的职业引导，你会怎么做？

首先，我们需要把研究问题拆解成访谈问题。例如，我们要理解研究里面的问题一和问题二是从哪里来的。从论文中我们可以看出，这些问题是从文献里来的。我们之所以要研究一个问题，是因为我们对这个现象感兴趣，对它背后的学术脉络感兴趣。

接着我们需要审题。这个问题可以分成两部分，那就是平台与公会。我们可以先谈内部，再谈外部，一步一步来。

在对一个人进行访谈之前，我们还要做大量的工作。一方面，要看文献，对于这个研究问题，我们需要阅读和主播、平台、公会相关的文献。另一方面，要实际看看直播是怎样的，比如在"哔哩哔哩"中搜索"如何变成好的主播"。如果我们对自己要做的研究一无所知，是很难写出访谈提纲来的。

接下来，我们要怎么设计访谈提纲呢？首先要考虑的是寒暄和自我介绍。例如一开始可以说：

我是××大学的×××，我正在做研究，是关于××××××的。

其次要想办法拉近与对方的距离，可以说：

我看过你的直播，可喜欢听你唱歌了，特别是那一首××。

哪怕你是在做访谈前一小时看的也没关系。可以继续用这个问题和对方拉近距离，例如：

那是你最喜欢的歌手吗？如果不是，那你最喜欢的歌手是谁？为什么？
我也很喜欢他！我去看过他的演唱会（或我看过他的线上演唱会）。

再者，可以告诉对方今天随便聊聊，并讲解一下知情同意。

我们今天聊聊一个问题，就是关于主播跟公会还有平台的关系。这里有个知情同意书，你可以看一下。
知情同意书是为了确定我们在报道你的时候不会用你的真名。我们会帮你和你的公会匿名（即使平台是非常小众的，我们也会给平台匿名）。你可以拒绝我。同意的话请你在这里签一下名。
如果你有一些话题不想聊的话就可以不聊，我们还准备了很多问题。
我可以录音吗？这样可以帮助我记录。

然后我们就可以问一些和研究主题相关的问题了，例如：

你做这份工作多久了？你有没有其他的工作？
你的本职工作是什么？（当我们已经知道他是兼职主播的时候）
你喜欢做主播吗？（如果对方不喜欢，你也跟他抱怨你的工作，这种话每个人都会有共鸣的）
你今天的妆真好看，是公会的同事教你化的吗？你们会讨论怎么化妆吗？

如果主播有公会，我们就可以把话题转向公会的运作。我们首先要问"是什么"（what）的问题，例如：

公会叫什么呀？
有实体的办公室吗？办公室有没有提供直播间？
（如果公会是线上的）有没有网址可以给我看一下？
你在哪里找到公会的？还是他们来找你的？
我想了解一下你们内部的结构是怎么样的？你们管理员有多少人？
还有什么样的工种？你的同事是负责什么职务的？

如果他讲得很细，我们就可以继续问一些更细节的问题、一些我们最关心的问题。例如：

> 进入公会之后会得到什么样的培训？
>
> 有哪些有用的话术？
>
> 有哪些有用的直播技巧？
>
> 他们有没有教你怎么布置直播间？有没有跟你说声音怎么样比较好？有没有教你怎么讲笑话？
>
> 公会有没有跟你说在什么时间段直播比较好？为什么？直播有哪些好处？有哪些福利？
>
> 年底你们会做什么？会有庆祝活动吗？
>
> 你印象最深的一次有用的培训是怎么样的？
>
> 你有没有什么时刻觉得公会太苛刻？或者"吃水"太深？
>
> 我下面要问你一个比较敏感的话题，你可以不回答。你有没有想过离开公会？为什么？

问完关于公会的问题之后，我们就可以开始讨论平台了。例如：

> 你现在在哪个平台直播？
>
> 关于这几个平台（如抖音、虎牙、哔哩哔哩），你可以分别说说它们的特点吗？
>
> 你最喜欢哪个平台？为什么？
>
> 你们公会跟平台有合作关系吗？
>
> 你觉得平台的软件好用吗？它的滤镜好不好用？为什么？收音怎么样？
>
> 你了不了解之前的八卦？比如××主播被对方的黑粉怎么样了，可以展开说说吗？你们主播之间有没有这种故事？

关于平台的问题聊到这里就差不多了，因为我们后面还有其他的重点问题，例如与观众在直播间内的关系。

> 你是怎么跟粉丝熟络起来的？

公会的培训内容有没有用？你有没有自己的诀窍？可以说一个具体的例子吗？

最喜欢你的粉丝是什么样的？

有没有具体的例子？他看你直播看了多久？他给你打赏最多是多少？他有没有缺席过？如果哪天他突然不来了，你心里会不会落空一下？

会不会有一些时候，你发现观看人数很少，你很失落，那时候你会做什么？

你同公会的同事会怎么安慰你？

你有没有最难忘的一次直播？可以形容一下吗？

最困难的一次直播是怎样的？

你有没有黑粉？黑粉是什么样的？他们说什么会让你不高兴？

你能想起来一次最不愉快的直播经历吗？（这时候一定要跟对方表达同情，比如"好难过""真是不容易"，可以有适当的肢体接触）

直播之后你怎么解压？你的同事和公会的同事会怎么样安慰你？

主播在直播之外会不会跟粉丝有联系？这涉及你的隐私，会涉及你的商业机密，如果你不能说的话，就不说你自己的，你可以说一下整个行业的情况。

主播会不会加粉丝好友？如果你想拒绝加好友，你会说什么？你可以举一个例子吗？

令你最尴尬的粉丝是什么样的？你的同事会不会帮你？大家是怎么帮你的？会不会拒绝之后他再也不来了？那你会不会失落？你怎么应对这种失落？（这时候可以附和一句，"我平时也是，如果看到上课的时候课室很空，我也觉得很失落"。对于这类私密的问题，我们需要自我暴露一下）

当然，我们很想问的东西，要等对方自己说出来。

在结束访谈之前，我们还可以问研究对象："你觉得我有没有什么问题还没问到的？"[1]

① RUBIN H J, RUBIN I. Qualitative interviewing：the art of hearing data ［M］. 3rd ed. Thousand Oaks, CA：Sage，2011：112.

最后，我们还会问一下对方直播外的生活，这样列出的访谈提纲就差不多完整了。然后我们需要跟研究伙伴或研究导师商量，也可以先做一两个预调研，看看这个访谈提纲好不好用。

此外，怎么判断关于某一部分的问题是不是足够？一是我们想不出新的问题了；二是我们估计一下聊天的时间，如前面列出来的问题可以聊到 1 小时以上，那就应该够了。当然，访谈问题多一些总比少一些要好，访谈人数也是多好过少。

第五节　访谈中的其他关键问题

一、访谈技巧

（1）准备好与访谈相关的知识：完全熟悉访谈的重点、访谈对象（无论是农村人、工人、残障人士等社会群体，还是某个领域的专业人士）后再调查采访。

（2）有条理：给出访谈的目的；使其圆满结束；询问受访者是否有问题。

（3）提出简单、容易、简短的问题；没有专业术语。

我们仍以第三章【案例 3 - 1】提到的关于女警的研究为例展开分析，可以先问以下问题：

> 我们就从你的入警经历开始聊吧。方便问一下你多大吗？你有兄弟姐妹吗？
> 你是怎么入警的呢？
> 你爸妈支持你做这一行吗？
> 你为什么会选择警察这个行业呢？
> 你觉得这个行业适合女孩子吗？
> 警校的那些规定，你是怎么适应过来的呢？
> 你都做过哪些岗位呢？现在负责什么职务呢？
> 跟你做类似工作、在同样工作岗位上的男性，你觉得自己跟他们有没有什么不一样？

（4）温和友爱：让访谈对象把话说完；允许访谈对象停顿，并给他们时间思考。

（5）有同理心：认真倾听对方说什么和怎么说；在与受访者打交道时具有同情心。

（6）开放：对受访者觉得重要的事情做出反应，并具有灵活性，但不要急着评判他们的回答。

（7）从语言、神态和肢体动作上让受访者感觉到支持、理解和关爱。

示例如下：

答：我当时第一节课没爬出来，然后那个老师还在那儿开玩笑说，你们这几个爬不出来的，下节课之前赶紧交个男朋友，中午还有人送饭，不然就别吃饭了。

问：哈哈哈！你会不会觉得身边的同学、朋友，也就是你认识的人，认为女警察给人一种相对女性气质没那么强、没有女人味、不够柔弱的感觉？会有这样的印象吗？

答：可能我平常就比较凶吧。

（8）批判性：准备对受访者所说的内容提出合理质疑并希望对方澄清，例如，处理访谈对象回答中的不一致之处。访谈对象回答中观点与态度的矛盾还能使我们追问出更深的意义。①

（9）记忆性：将受访者所说的内容与他们之前的回答联系起来，从而引出更多的阐释。

示例如下：

问：在你的工作中，你觉得女性气质有帮助吗？我们昨天也访问了一个社区民警，他说女孩子比较会协调，比较细心一点，更容易跟人相处，是吧？

答：会，但那是对一般的人。社区民警可能每个人有自己的处理方法，我是抓两头。什么叫抓两头？就是跟班上老师一样，他们抓好学生和坏学

---

① RUBIN H J, RUBIN I. Qualitative interviewing：the art of hearing data ［M］. 3rd ed. Thousand Oaks，CA：Sage，2011：112.

生，我也是重点抓好人和坏人，中间的我可能会放一放。因为我这个社区比一般的社区要大，里面包括 14 个小区，其中两个工业园区特别大，我会有一点力不从心，所以只能抓两头。

（10）解释：澄清和扩展受访者陈述的意义，但不把意义强加于人。

（11）平衡：不要说得太多，这可能会使受访者变得被动，也不要说得太少，没有人希望单方面地一直讲话。

（12）道德敏感：对访谈的道德层面敏感，包括确保受访者理解研究的内容、目的及其身份将被保密。

（13）"伦理"问题是首要的。如果我们的调查给别人的生活带来不良的影响和难以控制的伤害，这样的调查就不应该继续。研究者所拥有的收集数据、解释数据和撰写文字的权利意味着我们可能对受访者造成剥削和暴力。[1] 一旦意识到调查给调查对象带来伤害，就要立即中断，考虑能否补偿、挽救。这就要求我们训练自己的敏感性、移情能力，加深对人的理解。

二、成功访谈的秘诀

（一）停下来思考

（1）你的研究设计中是否应该包括其他方法？（如政策研究、文本分析、实地考察等）

（2）你是否读了相关的文献？

（3）如果对研究内容没有把握，最好先做预调查（pilot study）。

（二）检验访谈提纲是否合理

（1）定性访谈的意义在于让受访者以自己的方式讲述自己的故事。

（2）去掉学术用语。

（3）不要把访谈当作一个调查。访谈应该是简单的、口语化的、随机应变的、

---

① BLOOM L R. Under the sign of hope：feminist methodology and narrative interpretation ［M］. Albany：State University of New York Press，1998：36.

交流的。

（4）你将花多少时间与每个受访者交谈？据此相应地调整你的访谈提纲。

（5）在实地使用之前，可以在朋友身上试用访谈提纲，并获得他们的反馈。

（6）实地使用。

三、访谈素养

访谈的本质是人与人的接触。例如，在《距离与亲密：性社会学调查随笔》里，作者写道：

> 在"红灯区"调查中，我经常遇到一个问题，那就是："我是谁？"我仅仅是一个研究者、调查者？还是，我也是一个女人、一个背负着历史并迷惑于未来的人？在我与她们——我的被访者"视域"对接的当下，我是选择成为一个理性的记录者、资料采集者，还是，我也是一个分享者、一个可以进行情绪对接和移情理解的人？
>
> 换句比较专业的话说，调查者和被调查者，在研究的当下，究竟是两个"主体"彼此互动、理解和呈现出某种"调查结论"，还是我与被调查者的关系是一种"主体"与"客体"的关系，从而先验地以调查者的"主体"为中心，并赋予主体对客体的优越性？在她们的故事中，我是否要做一个冷眼的"剪裁者"？如果是，我应该"剪裁"什么？如果不是，我如何在一次次的调查中适当呈现我的感情，并与她们呼应？
>
> 考察研究中我们作为研究者的主体性，不仅能帮我们意识到自己的立场，还能帮助我们从这些立场中问出特定的问题并做出特定的阐释。
>
> …………
>
> 不仅如此，"示弱"也意味着调查者对自己生活的主动分享和呈现，是一种积极的、平等的"相处"。
>
> 比如，每当刚进入一个新的场所，"小姐"们问我是干什么的，我当时的回答都是"我是一个学生"，而不是"研究生或者博士生"。只说明自己是学生，而不扬扬得意或毫无敏感性地说出自己是"研究生或博士生"，这种表述本身并不违反调查伦理中的"不欺骗"原则，但对这些细节的重视，往往可以使得自己更快地被接纳。

当一些"小姐"对我的身份表示羡慕，并有意突出我们之间的社会距离时，我也会说自己的一些烦恼（"这么大了还要读书""家里面父母也很辛苦，觉得自己压力很大，对不起他们"之类的话）。这种"示弱"，并不是有意欺骗，而是基于事实的一种凸显。最基本的道理就是，"没有人愿意主动揭自己的伤疤，除非对方也是伤心人"。当某种共同点被找到后，研究者与被访者之间平等、顺畅的信任关系就更容易被建立起来，从而促进调查的开展和完成。①

综上可知，一个成功的访谈者，应该具备以下素养：

（1）同情、热情、细心、幽默（在适当的时候）和体贴等特质对于良好的访谈是至关重要的。

（2）任何评判性的态度、震惊或不适都会立即被发现、被处理。

（3）与受访者打成一片，同时也要关注我们需要问的问题。

（4）使用你所掌握的各种积极倾听技巧（肯定、赞同），如："哇！""这个问题你可以展开说说吗？""这真的很有趣。"

（5）不要害怕沉默，可以利用沉默来促使受访者反思，并扩大答案。

（6）不要跟着访谈提纲走，要跟着受访者走。

（7）不要忘记你在采访中的位置。

（8）尽量不要考虑时间问题，放松地进入访谈。

（9）调查者的自省。在质性研究里，它通常是指对研究者、研究对象、环境和研究过程如何相互作用和相互影响的批判性反思。②

所以，这种"示弱"，更多的是指一种"你回忆痛苦，我也要给你看我的伤疤"的分享意识；是一种别人流着泪水，调查者惦记的不是访谈记录而是关切眼前这个人时所呈现的"同理同心"；是调查者要学会剥开自己的盔甲和包装，在生活世界中与被调查者"共情"的柔软和真诚。

可以看出，在某种意义上，质性研究是在同时做两个研究：一个是我们的选题，

① 王昕. 距离与亲密：性社会学调查随笔［M］//黄盈盈，等. 我在现场：性社会学田野调查笔记. 太原：山西人民出版社，2017：48－53.

② PILLOW W. Confession, catharsis, or cure? Rethinking the uses of reflexivity as methodological power in qualitative research［J］. International journal of qualitative studies in education，2003，16（2）：175－196.

还有一个则是我们自己、我们与研究的互动以及研究过程。①

四、访谈资料的转录

将访谈转化为研究可用的数据最重要的过程就是转录访谈资料。② 此外，转录访谈资料的过程还可以帮我们发现自己访谈措辞、语气和节奏的问题，并及时改进。

例如，在写《受伤的男子气概：在线渴望和离线现实之间的次级选择》（Wounded masculinities：the subaltern between online longings and offline realities）这篇论文的过程中，我写了一些访谈笔记（见图 4 - 1），搜集了一些图像资料（见图 4 - 2）。

1.jpeg		2017年12月12日 下午 2:01	105 KB
2-2 弃！领一个媳妇回家.docx		2017年12月12日 下午 2:07	2.8 MB
爱上小姐故事.docx		2017年11月29日 下午 7:55	242 KB
按摩技师讨论.png		2017年12月12日 下午 1:53	921 KB
工伤故事2.docx		2017年11月30日 上午 7:24	142 KB
工伤之殇-8个失去.docx		2017年11月29日 下午 7:54	170 KB
惠州.docx		2017年11月29日 下午 8:08	98 KB
深圳男人1.jpeg		2017年12月11日 上午 11:13	2.7 MB
深圳男人2.jpeg		2017年12月11日 上午 11:14	2.8 MB
网上的谈论.docx		2017年11月29日 下午 8:01	94 KB
转租广告.png		2017年12月12日 下午 1:53	1.5 MB
Editorial Instruction.docx		2017年11月29日 下午 2:36	19 KB
Img491669241.jpeg		2017年11月29日 下午 3:19	21 KB
Liu-Summer-Scho...per-Template-.docx		2017年11月29日 上午 7:58	35 KB
Queer Masculinitie...en- A Typology.pdf		2017年12月12日 下午 1:13	84 KB
Screen Shot 2017-...2 at 4.53.25 pm.png		2017年12月12日 下午 1:53	1.5 MB
Screen Shot 2017-....53.41 pm copy.png		2017年12月12日 下午 1:53	1.5 MB
Screen Shot 2017-...2 at 4.53.41 pm.png		2017年12月12日 下午 1:53	1.5 MB
Screen Shot 2017-...2 at 4.53.54 pm.png		2017年12月12日 下午 1:53	921 KB
Wounded Subalter...inities in China.docx		2017年12月14日 上午 9:51	158 KB

图 4 - 1　访谈笔记整理示例

---

① GLEASNE C. Becoming qualitative researchers：an introduction [M]. 5th ed. Upper Saddle River，NJ：Pearson，2016：145.

② TRACY S J. Qualitative research methods：collecting evidence，crafting analysis，communicating impact [M]. Malden，MA：Wiley-Blackwell，2013：177.

图 4-2　访谈图像资料示例

　　值得注意的是，在质性研究中，并非越详细的访谈转录就越好。转录也是一个建构的过程，研究者根据自己的研究需求记录访谈资料。例如，会话分析（conversation analysis）往往详细转录谈话的速度、顺序、语调、停顿、中断甚至音量，而一些研究者则只会总结访谈，并转录关键的引文。[①]

复习思考题

　　与你生活中遇到的人闲聊，如商铺老板或店员、社团里遇到的同学、旅途中邻座的人等。想一想，在聊天初期，怎样取得对方的信任？怎样的问题容易让他们打开心扉？

---

　　① TRACY S J. Qualitative research methods：collecting evidence，crafting analysis，communicating impact［M］. Malden，MA：Wiley-Blackwell，2013：178.

第五章

扎根理论与质性资料的整理

在这一章当中，我们要介绍访谈资料的整理，这就涉及一种在社会科学的质性资料整理当中经常使用的方法，叫作扎根理论（grounded theory）。扎根理论是帮助我们进行有效的田野调查并分析质性资料的最常见的方法之一。[①]

扎根理论已经有超过半个世纪的历史。在当今快速变化的数字时代，扎根理论提供了一种开放而严谨的研究路径，使研究者能够捕捉到新的人类行为和社会现象的本质特征，并在此基础上构建具有解释力的社会科学理论。与此同时，新的分析工具为扎根理论研究提供了便利，应当熟练掌握，加以利用。

扎根理论包含多个流派。其中不同类型的理论，实际上对应第二章讲到的本体论、认识论。这也是为什么我们要先了解本体论和认识论，再学习方法论，因为这关乎后面的具体研究中我们选择的不同分析方法。

这一章主要包含五个部分，分别是：扎根理论的渊源、扎根理论的类型、扎根理论的研究工具——NVivo、质性资料的综合整理和报告撰写、扎根理论优秀案例赏析。

需要特别说明的是，并不是所有的质性研究都要用到扎根理论。但扎根理论的精神和数据处理方法对质性研究的初学者有很大帮助，它能够清楚地告诉我们如何收集资料、如何写论文。借助扎根理论，我们可展开讨论质性资料的综合整理和报告撰写，并学习其中的优秀案例。

第一节　扎根理论的渊源

一、扎根理论的定义

扎根理论由美国学者巴尼·G. 格拉泽（Barney G. Glaser）和安塞尔姆·施特劳斯（Anselm Strauss）在 1967 年的著作《扎根理论的发现》（*The Discovery of Grounded Theory*）中提出。这本著作来自他们对医务人员面对临终病人的一项实地观察，是医疗社会学、医疗人类学领域的一项重要研究。

---

① ATKINSON P, et al. Handbook of ethnography [M]. London：Sage，2021：160.

扎根理论的提出是为了回答在社会研究中，如何能系统性地获得与分析资料，最终发现理论。① 扎根理论所发展的理论是为了符合实践情境，可提供相关的预测、说明、解释与应用。

简而言之，扎根理论就是在经验资料的基础上建立理论。研究者在研究开始之前一般没有理论假设，而是直接从实际观察入手，从原始资料中归纳出经验概括，然后上升到系统的一种方法论。这是一种非常典型的遵循归纳逻辑的资料整理方法。

格拉泽和施特劳斯强调，扎根理论的产生是一种适用于实际用途的方法，由此提出的理论必须切合（fit）研究的情境，且能运用（work）于实际工作当中。② 他们对"切合"和"运用"分别作了以下定义：

切合——我们生产的理论类目能被应用，且是基于研究资料得出的；

运用——我们生产的理论必须跟现实产生有意义的关联，且能解释研究对象的行为。

他们总结定义了扎根理论的以下特征：③

（1）同时进行数据收集和分析。

（2）从数据而不是预先假设中发展编码（codes）和类别（categories）。

（3）在数据收集和分析的每个步骤中进行理论构建。

（4）做备忘录是编码数据和撰写初稿的中间桥梁。

（5）抽样的目的是理论的构建，而不是人口的代表性。

（6）在进行独立分析后再进行文献回顾。

二、扎根理论的重要性

扎根理论的提出在学术界造成了轰动，后来启发了整个解释主义社会研究领域，其中的原因是多方面的。

首先，扎根理论解决了理论工作不透明性的问题。在扎根理论于1967年提出之前，学术界已经有很多理论了，比如经典的马克思主义、精神分析等。但是，当时的社会学家只知道这些理论的思想，却没有深入挖掘这些理论是从哪里来的，也不了解背后的调研过程。直到扎根理论提出后，社会学领域才越来越多地去关注情境的过程。

其次，扎根理论是当代质性社会学的灵魂，它的形成与哲学和社会学领域两个

① GLASER B G, STRAUSS A L. The Discovery of Grounded Theory [M]. Chicago：Aldine，1967.
② STRAUSS A L. Qualitative Analysis for Social Scientists [M]. New York：Cambridge University Press，1987：5.
③ GLASER B G, STRAUSS A L. The Discovery of Grounded Theory [M]. Chicago：Aldine，1967.

突破有关。第一个突破是实用主义精神，尤其是杜威、米德和皮尔士的思想，他们对社会研究越来越脱离现实的状况感到不满，强调理论指导行动的重要性，注重对有问题的情境进行处理，在问题解决中产生方法。第二个突破是芝加哥社会学派和互动理论。该学派倡导使用实地观察和深度访谈的方法收集资料，强调从行动者的角度理解社会互动、社会过程和社会变化。

再次，扎根理论也是最早遵循归纳推理逻辑（inductive reasoning）的理论。我们在第二章介绍过，知识推理可以简单分为演绎推理和归纳推理。演绎推理是从既有知识推导出事实真伪的过程，是量性研究的底层推理逻辑；而归纳推理是从事实推导出新知识、新理论的过程，是质性研究的底层推理逻辑。

最后，扎根理论还要求我们保持自我反思的态度。我们要对既有的理论保持批判的距离，对自己给出的答案也保持一定的谦卑，因为它是等待检验的，可能被其他人再次佐证或推翻。我们甚至可以对自己几年前的研究不满意，再写一篇论文去推翻它。

扎根理论广泛应用于医疗社会学、医疗人类学研究，它最初也是在这个领域诞生的。它还经常作为民族志、深度访谈、焦点小组的研究方法，但在新闻与传播学领域的运用较少。

三、扎根理论的应用

扎根理论的轻度应用包括界定文章的主题、关键概念和关键领域。从这个角度看来，所有的批判性话语研究、民族志研究的论文都或多或少地应用了扎根理论。

扎根理论的高度使用体现在文章的方法论环节。我们稍后会讨论一个研究案例，是关于"师奶"的论文，它就明确使用了扎根理论。

扎根理论通常不是研究的起点。研究的起点在于我们关注到想研究的问题、感兴趣的理论或者新现象。接下来，我们做预调查，制订研究计划、访谈提纲，找到研究对象，展开访谈或者观察。当我们做完了田野调查，得到了相当数量的访谈资料之后，才会开始应用扎根理论。

扎根理论通常也不是研究的终点。在研究的终点，我们要做的是分析主题之间的关联、提供结构上的解释或权力关系的分析，以及对话既有研究文献，甚至发展新的理论。

总的来说，扎根理论处理的是研究的中间过程，这也是我们接下来要介绍的内容。

第二节　扎根理论的类型

一、扎根理论的三个主要流派

扎根理论分为几个流派。最早提出的流派称为经典扎根理论（classic grounded theory）。格拉泽认为，扎根理论仅涉及方法论的问题，不应讨论认识论问题，例如：是实证主义还是建构主义。所有信息都可以是数据，包括访谈内容、文献、文本；他强调方法上的弹性，认为信息可以有各种编码方法。

格拉泽和施特劳斯原本是师生关系，但是后来两人之间产生了分歧。施特劳斯离开了导师，提出了自己的理论，称为程序化扎根理论（proceduralised theory）。程序化扎根理论操作性很强，对数据的界定很明确；它有强烈的实证主义取向，强调编码的客观性，抑制研究者先验框架的介入。[①]

在程序化扎根理论的框架之下，我们需要使用的方法就是主轴编码（axial coding），先建立研究的轴线，确立条件，然后建立主类属和次类属的联系，最后按照编码范式清晰认识它们之间的关联。什么是研究的轴线呢？举个例子，假设一项研究中涉及阶级问题和城乡问题，那么它的横轴是阶级问题，纵轴是城乡问题。如果研究里有两条轴线的话，你就会得到四个类目，最后文章就会呈现四块主要的研究发现。如果研究里有三条轴线的话，就会更复杂。尽管格拉泽非常反对它，但因为它思路清晰的特点，程序化扎根理论成了今天主流质性社会学最推崇的一个流派。

进入 21 世纪之后流行起来的一个流派，叫作建构主义扎根理论（constructivist grounded theory）。它受到 20 世纪 80 年代以来学界关于认识论讨论的深刻影响，尤其是后结构主义、批判性研究、女性主义研究、酷儿研究等理论。它有着强烈的建构主义取向，与经典扎根理论一样强调弹性的编码。研究者可以或者说必然具备先验的理论框架，但它也强调研究对象的能动性，认为研究是由研究者和研究对象一同完成的。

在很多社会研究里面，研究对象是不参与研究设计和研究写作的。建构主义扎根理论颠覆了这种权力关系，鼓励研究者深入研究对象的生活和视角里去。它高度依赖目的性抽样和理论性抽样，尤其适合社会边缘人群的研究，因为他们的视角是很少被看到的，例如女性外卖骑手、肝炎患者等。

建构主义扎根理论的提出者凯西·卡麦兹（Kathy Charmaz）是施特劳斯的学生。这套理论后来又发展出后现代扎根理论（post-modern grounded theory）、话语扎根理论（discoursive grounded theory）等，它们在认识论上是一致的。

二、扎根理论流派对比

表 5 - 1　扎根理论流派对比①

扎根理论	经典扎根理论	程序化扎根理论	建构主义扎根理论
理论文献	Glaser，1978，1992；Glaser & Strauss，1967	Corbin & Strauss，2008，2015；Strauss & Corbin，1990，1998	Charmaz，2006，2014
编码步骤	1. 实质性编码（substantive coding）：开放性编码（open coding），在数据材料中编码；以发现核心类属（core category）结束；选择编码（selective coding），根据核心类属选择性地编码 2. 理论编码（theoretical coding）：将实质性编码整合进扎根理论中；使用理论编码集（theoretical coding family）	1. 客观编码：对编码数据块进行逐行编码，进而寻找类属，并将其维度化 2. 主轴编码（axial coding）：建立主类属和次类属的联系；按照编码范式识别它们的关联 3. 选择编码：确定核心类属，围绕核心类属与其他多个类属组织理论；2008 年与 2015 年的文献并未使用选择编码，而是将最后这一阶段称为理论整合	1. 初始编码（initial coding）：研究数据片段，并使用编码标记 2. 聚焦编码（focused coding）：将那些反复出现的、对所研究现象有重要启发的代码提取出来，并提升至理论范畴，以此发展理论

---

① RIEGER K L. Discriminating among grounded theory approaches［J］. Nursing inquiry，2019，26（1）：e12261.

（续上表）

扎根理论	经典扎根理论	程序化扎根理论	建构主义扎根理论
数据分析工具	理论编码集：选择其中一个理论编码以整合碎片化的数据；理论编码的理论呈现方式有 18 种基模，均来自社会学理论中的编码集	1. 编码范式（coding paradigm）：来自格拉泽的"6C"模式，并用于主轴编码或围绕类属的编码；使研究员关注现象的状况、调查对象的行为/互动/情绪以及这些行为/互动/情绪的影响 2. 条件/结果矩阵（conditional/consequential matrix）：一种为了建立影响现象研究的宏观及微观条件的联系的编码；在主轴编码或选择编码过程中使用 3. 其他数据分析工具范例：丢铜板技术，是指将一个概念反过来思考，并想象其极端反例，从而突出该概念的特性。注意：当出现"从不"或"总是"等词时，研究员应进一步查证	在建构主义扎根理论研究中可使用其他扎根理论学者建构的分析工具，前提是这些分析工具适用于新型的研究分析

那么，怎么选择适合自己研究的扎根理论流派呢？三个流派各有各的优势，具体选择和你的学科取向有关。如果你所在的领域是非常实证主义的，比如心理学领域、社会工作领域，或者你要投稿的期刊非常强调实证主义，那么程序化扎根理论就比较重要；如果你所在的领域是人类学、社会学，那么建构主义扎根理论就会比较合适。但这种划分并不是绝对的，而是和具体的研究有关。

三、扎根理论的优缺点

(一) 扎根理论的优点

(1) 可以让我们理解知识的情境性及实践的偶然性,它能让我们更好地理解得出结论的过程。

(2) 提供"承认冲突和矛盾"的视角,能够更好地描述复杂而多变的现实生活。

(3) 更擅长处理实际发生的情况,尤其是当访谈资料特别庞大、参与访谈人数很多的时候。

(4) 作为一般理论,扎根理论很容易适应对各种现象的研究,并且可以随着影响行为变化的条件做出反应和变化。

(二) 扎根理论的缺点

(1) 就像所有的解释主义论文一样,扎根理论存在过于主观的问题,模糊了研究人员在数据构建和解释方面的重要作用。[①]

(2) 扎根理论的方法往往会产生大量数据,通常难以管理。

(3) 扎根理论没有用于识别类别的标准规则,类目和轴线的关系是研究者及其团队决策的,研究过程具有高度的不确定性。这也是所有质性研究的特点。

第三节　扎根理论的研究工具——NVivo

NVivo 是质性研究中常用的重要数据分析软件,它操作便捷,容易上手,能帮助定性研究人员组织、分析和发现非结构化或定性数据。

---

① BRYANT A, CHARMAZ K. Grounded theory in historical perspective: an epistemological account [M]// The SAGE handbook of grounded theory, Thousand Oaks, CA: Sage, 2007: 31 - 57.

一、NVivo 的主要功能

第一，能从几乎任何来源导入数据，如文本、音频、视频、电子邮件、图像、电子表格、在线调查、网络内容、社交媒体等。

第二，使用高级管理、查询和可视化工具分析数据，对数据进行编码，以比较数据中的不同组。

第三，对数据提出复杂的问题，使用词频图表、词云、比较图等快速可视化的数据。

第四，使用特定查询来寻找新出现的主题和情绪，以确定主题并得出明确的结论。

总的来说，NVivo 不仅能够帮助我们在更短的时间内获得更可靠的研究结果，而且能用于远程协作。

二、NVivo 应用示例

下面我将结合自己先前应用建构主义扎根理论进行的一项关于宠物文化的研究，讲讲 NVivo 的使用方法。这项研究当时有三个研究者，分别在上海、广州和深圳做访谈。为了方便共享访谈记录，我们选用了 NVivo 作为研究辅助工具。

【案例 5 - 1】《成为"猫奴"：跨物种城市理论、单身职业女性及其宠物》（Becoming "pet slaves" in urban China：transspecies urban theory，single professional women and their companion animals）[①]

研究问题拆分：

（1）人们是怎么看待自己与猫的关系的？单身职业女性怎么看待自己与猫的经济关系？

（2）单身职业女性是怎样养猫的？

（3）单身职业女性在社交媒体上发布宠物照片的动机是什么？

---

① TAN C K K, LIU T, GAO X. Becoming "pet slaves" in urban China：transspecies urban theory, single professional women and their companion animals [J]. Urban studies，2021，58（16）：3371 - 3387.

研究准备阶段：

（1）相关文献准备。

（2）拟订访谈提纲。

（3）招募访谈对象。

NVivo 编码：

（1）编码顺序：先验性的主题（theme）→次级主题（sub-code）。

（2）编码前注意事项：

①编码的单位可以是词、句子、段落、段落组。

②用问题意识指导编码。

③最初的编码系统不需要太复杂，一般有 3~4 个主题，每个主题下面有次级主题即可（我们的目的不是制造模型，而是帮助整理质性的资料，帮助我们去建立访谈资料深层次的联结）。

④不断地思考与调整编码系统的结构/命名（如"宠物在家庭关系里的位置"→"宠物在多样化亲密关系里的位置"）。

⑤编码过程必须被嵌入理论中。

⑥与导师、研究伙伴探讨。

（3）编码过程[①]：

①访谈转录文本导入。

②访谈转录文本重命名。

③初步建立编码系统。

④调整编码系统。

⑤编码：这一步要注意在哪里扎根，如做研究之前，没有发现的主题（宠物的继承权争夺、养育宠物需要的空间激励宠物主人努力工作等）；做研究之前，不确定的主题（为什么大家都用宠物照片做微信头像、朋友圈的配图等）；主题之间的关联（观看宠物视频与养育宠物之间的关系等）。

⑥已扎根的编码系统。

⑦生成词云：可爱、捣蛋、配图、隐私边界、头像、晒"娃"、虚荣心、宠物写真、避免冲突、搞笑、对生活的反抗、特效等（见图 5-1）。

---

① 关于 NVivo 具体编码的操作过程，详见 https：//www. bilibili. com/video/BV1ju4y177uz/？spm_id_from = 333. 337. search – card. all. click&vd_source = d920e1016eb6610b9fd455404eeadea5.

图 5 - 1　生成的词云图

论文写作：

质性论文的写作不是一个线性递进的过程，应先报告最典型的，再报告次级主题的关联。

研究发现：

（1）经济实力是这些城市新中产饲养宠物的基础。从结构背景来看，在资本与消费主义的裹挟下，目前饲养宠物的一系列要求已经升级并且有士绅化（gentrification）的趋势，一系列商家在背后推动着宠物消费。本文的访谈对象基本为接受大学本科及以上教育且在一线城市工作、收入相对稳定的女性，具备经济基础，愿意为宠物付费。

（2）宠物作为家庭成员满足了新中产女性部分亲密陪伴的需求，人宠互动中宠物有拟人化的倾向。宠物往往被当作家庭成员对待——或将宠物当作孩子看待，或将宠物当作偏向平等的陪伴式的朋友/家庭成员看待，或将宠物当作伴侣对待。

（3）宠物成为都市个体的新型社交方式，这背后包含一种新型的对待动物友好的世界主义精神。在社交媒体空间分享宠物的照片成为一种潮流，而在线下的实体社区，猫和狗常常成为新的搭话缘由，它们拉近人与人之间的距离，甚至成为一段线下熟人关系的开端。

以上便是运用 NVivo 工具进行质性研究的完整过程示例。研究工具在研究过程中扮演着至关重要的角色，从信息收集到分析，再到结论的得出，研究工具都能提供必要的支持和引导。因此，选择适合的研究工具并熟练掌握其使用方法，是质性研究中至关重要的一个环节。

第四节　质性资料的综合整理和报告撰写

在质性研究的访谈结束后，我们就进入了资料整理和报告撰写的部分。必须强调的是，我们要形成自己的资料整理系统，因为我们的资料多种多样——有访谈转录的，有口头述说的，还有我们的笔记和收集的档案。我们要用自己习惯的设备和技术，去创建自己的工作方式，如用颜色笔标记纸质资料、用平板电脑移动办公等。

这里介绍一种思路——四象限法：第一象限中，对转录内容做一个初步分析；第二象限中，与理论对话；第三象限中，补充你的感受；第四象限中，串联理论和你的感受，进行报告撰写（见图 5-2）。

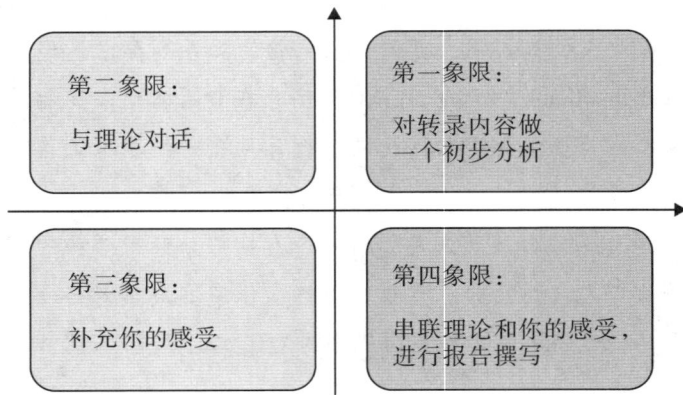

第二象限： 与理论对话	第一象限： 对转录内容做 一个初步分析
第三象限： 补充你的感受	第四象限： 串联理论和你的感受， 进行报告撰写

图 5-2　质性资料整理思路：四象限法

质性研究的理论和资料是循环和建构的，换句话说，理论与实践要"双向奔赴"。我们最初的编码很可能没有很强的理论性，那么就要采取一些措施，从个体的资料中总结出集体的规律。此外，我们还需要加强关于元理论的阅读。如果能够把研究和元理论联系起来是最好的；如果不能，可以参考已有的研究用了什么编码、什么样的备忘录（note），和自己的研究进行对比，再进行研究报告的撰写。总的来说，质性研究不是一个线性的研究过程，而是一个不断循环往复的过程。

第五节　扎根理论优秀案例赏析

本节我们结合一些优秀案例，来看看扎根理论的应用。这里推荐一本扎根理论领域的重要期刊《扎根理论评论》（*The Grounded Theory Review*）。该期刊被 ESCI 收录，每年出版两期，不收取任何投稿费用。以下【案例 5 - 2】就出自这本期刊。

【案例 5 - 2】《缺席：孤独症儿童父亲如何面对未来》（Absenting：fathers of children with autism face the future）[①]

研究内容：

Flippin 和 Crais（2011）认为，父亲在孤独症儿童的抚养、治疗过程中做出了独特的贡献，而现有关于孤独症儿童抚养问题的研究主要聚焦于母亲的作用上。

因此，本研究通过经典扎根理论了解父亲对于抚养孤独症儿童的观点，揭示父亲对于孤独症儿童抚养问题的主要忧虑以及相关解决办法，并思考对孤独症儿童的抚养如何影响患儿父亲及其他家庭成员的生活。

研究方法：

（1）研究对象的招募及选择：使用理论抽样的方法，通过社交媒体及口头的方式招募，受访者均为孤独症儿童的父亲，最终招募到 10 位父亲作为本研究的研究对象。

（2）数据收集：通过在受访者的家中面对面访谈或以电话的形式收集数据，最初的受访者是一位三个孩子都是孤独症的父亲，此后经由该父亲的介绍，对其他孤独症患儿的父亲进行采访。

---

① MCCOY K M, STILLMAN S B. Absenting：fathers of children with autism face the future［J］. The grounded theory review，2021，20（2）：43 - 58.

（3）如何扎根：在收集采访数据的同时，对所得数据进行整理、编码、提取主题。采用开放编码及选择编码两种方式进行实质编码，确立主范畴——缺席，同时探索与"缺席"相关的其他范畴，最终提炼出缺席理论（the theory of absenting）。

研究结论：

（1）父亲的主要关注点集中在他们后代未来的成年生活上，尤其是在其离世后孤独症儿童的生活。对于未来，患儿的父亲主要考虑三个方面：经济上的准备，为孤独症儿童的未来生活做准备，以及让孩子过上充实的生活。

（2）在解决"缺席"问题的过程中，父亲完成了一种"自我转化"（self-transformation）。这个过程包括三个阶段：一是通过接触社区以诊断孤独症并获得相关支持和引导，二是建立健康的家庭关系，三是通过帮助他人以强调自身的主体性。

【案例 5-3】《永恒的母亲还是灵活的家庭妇女？中国香港中年已婚"师奶"研究》（Eternal mothers or flexible housewives？middle-aged Chinese married women in Hong Kong）①

研究内容：

中国香港中年已婚华人女性是如何在"师奶"这一被污名化的社会称谓以及种种关于女性角色的主流规范与价值观中定位自己的？该研究运用建构主义扎根理论，通过深度访谈的方法调研香港中年已婚女性群体的生活经历，为关于成年女性另类的身份认同提供了实证支持。

研究编码：

（1）为了尽可能避免研究者的主观偏见影响数据分析，由两名研究助理阅读所有的访谈转录文本（多方校正）。

（2）研究者与研究助理先各自独立地设计出译码类别，随着分析过程的推进，再新增一些类别，受访者的建议也在最后的文本中被采纳。

（3）研究采用了一套透明清晰的程序，描述了抽样过程、受访者的数目与特征，以及其他相关理由，便于其他调查者核实。

---

① HO P S Y. Eternal mothers or flexible housewives？middle-aged Chinese married women in Hong Kong [J]. Sex roles, 2007, 57 (3): 249-265.

研究抽样、分类：

（1）研究采用建构主义扎根理论，目的在于关注社会的互动过程，以及意义是如何通过这种过程被创造出来的。

（2）建立了10个焦点小组，每一个小组里有5~12名受访者。

（3）不能将女性简单一分为二地归入某种类属——例如"受雇"与"未受雇"，因为这些女性实际上在婚前或婚后都从事或曾从事某种形式的工作。

（4）根据受访者的各种工作经历，将她们分为从兼职到几乎全职等多个组别。

（5）分组访谈后，与个别受访者进行单独访谈，并确定其在爱情、性、友谊、家庭等方面的信念。

（6）扩大已婚受访者的范围，最终挑选的受访者年龄为35~55岁，所有受访者都能说广东话，绝大部分都嫁给了香港本地男性，并与配偶一起生活。绝大部分受访者的收入处于中等水平，他们居住在公屋单位或私人出租的公寓里。

主要受访者社会背景如表5-2所示。

表5-2　主要受访者社会背景

编号	化名（年龄）	职业	婚姻状况	子女数量及年龄
1	Linda（48）	主妇	已婚	1女（14）
2	Becky（49）	保险经纪人	已婚	1子（12）
3	Anna（48）	社区组织者	已婚	1子（20）；1女（16）
4	Betty（45）	商贩	已婚	1子（8）；1女（10）
5	Esther（40）	主妇	已婚	1子（20）
6	Ah Leung（44）	佣工（兼职）	已婚	2子（10，12）；1女（8）
7	Jennifer（43）	佣工（兼职）	已婚	2女（10，12）
8	Eve（34）	社会保障支持	离异	1子（6）
9	Ah Lai（35）	主妇	已婚	1女（7）
10	Ah Lin（42）	佣工	已婚	1子（14）
11	Yin Jer（50）	电话服务性工作者	已婚	无子女
12	Ah Fan（53）	主妇+投资	已婚	1女（22）
13	Ah Lam（50）	主妇+投资	已婚	2女（22，24）；1子（10）

（续上表）

编号	化名（年龄）	职业	婚姻状况	子女数量及年龄
14	Julie (49)	保险＋房地产	已婚	1 子 (16)
15	Ah Wah (38)	护士	已婚	1 子 (8)
16	Ah Ting (50)	主妇＋学生	已婚	2 子 (18, 25)
17	Ah Lum (51)	主妇＋学生	已婚	1 子 (29)；1 女 (25)
18	Ida (36)	社工	已婚	2 女 (6, 8)
19	Alice (38)	主妇	已婚	1 女 (12)
20	See See (41)	计算机教师（兼职）	已婚	1 子 (14)
21	Ah Po (38)	主妇	已婚	1 女 (12)
22	Ah Chunv (35)	主妇	已婚	1 子 (7)
23	Ah Siu (48)	主妇	分居	1 子 (10)；1 女 (8)
24	Ah Mui (45)	时装店主	丧偶	无子女
25	Katy (51)	退休	离异	无子女
26	Har Chai (37)	书报亭店主	离异	1 子 (8)；1 女 (6)

资料整理：

（1）总共获得超过 80 小时的录音资料，分析的重点在于受访者谈论自己和其他"师奶"的"阐释性实践"时的道德语言，即在日常生活中，她们理解和传达社会现实的一系列程式、条件和资源。

（2）在两名研究助理的帮助下，制定了一个编码清单，以便将各种编码类型统一化，对数据的编码工作由 NVivo 软件完成。

（3）在第一层次的编码工作中，对某个案例进行了编码，以保证对各个意义单元的定义以及对每一个编码表述的一致性，然后由研究助理对其他案例进行编码。在第一层次的编码工作中，重点是确定受访者在性别、爱、性、婚姻和家庭方面的信念。

（4）在第二层次的编码工作中，运用持续比较法，比较各个类别，识别出它们之间的关系。如对比各个案例、情境和各种影响因素之间的差异。

（5）对数据中浮现出的各种主题的分析成为本研究各主要结论的基础。

26 名受访者的答复汇总如表 5－3 所示。

表5-3　26名受访者的答复汇总

	受访者答复	受访者人数（占比）
自我认知	认为自身角色不仅限于家庭主妇	26（100%）
	反感"师奶"标签	22（85%）
	质疑"密集母职"意识形态	3（12%）
	羡慕在职场取得成功的女性	20（77%）
	不想变得肥胖丑陋	26（100%）
调剂"师奶"生活的方式	健身	26（100%）
	就业	25（96%）
	在家投资	4（15%）
	教育	6（23%）
	志愿服务	4（15%）
	休闲	26（100%）

研究结论：

（1）"师奶"身份的成见会妨碍我们了解中年女性积极整合生活的方式，在不同情境和不同生活阶段下，方法不同，特点也会不同。因此我们需要一个理论模型，承认"师奶"这一社会身份的价值随着不同的场景、情境和社会空间而改变。

（2）香港中年已婚女性意识到标签是一种控制和轻视她们的符码，她们也在通过赋予不同含义、创造新身份等方式抵抗被约束在一个固定符码下的命运。不过，她们也没有彻头彻尾地拒绝这些符码，以便维持家计和为做"优雅女士"形成一个身份保护盾。

（3）女性与污名身份的各种相对关系揭示了许许多多"讲述故事的隐含情境"。在这些案例中，指的是高度工业化社会中的经济、教育、社会、文化发展条件和性感、纤瘦、有身体意识、有文化意涵的现代家庭主妇之间一系列的矛盾。

【案例5-4】 **《是什么组织了他们? 探索在线新闻创新扎根理论》**
(What's stopping them? towards a grounded theory of innovation in online journalism) ①

研究内容及问题:

网络新闻业的创造性并没有达到学界在十年前所预测的高度。对于网络新闻业的研究主要聚焦于在线新闻 (online news journalism),忽视了目前在互联网上出现的新风格与新流派。

本研究对挪威一个在线报刊 "Dagbladet. no" 的一个专题新闻栏目进行民族志个案研究,主要关注以下研究问题:

(1) 当代数字新闻从业者的工作方式为何?

(2) 数字新闻从业者如何开展创造性工作方式?

(3) 数字新闻从业者的职业主体性如何形成?

支撑研究设计的文献回顾:

(1) 对新闻的即时性要求极大限制了在线新闻编辑室对新技术的运用 (Domingo,2006、2008)。

(2) 关于新媒体创新性的研究主要强调媒体组织的结构性因素,而忽视个体实践的实例在创新过程中的决定性作用。

(3) Slappendel (1996) 从个人主义、结构主义、互动过程三个视角观照网络新闻业的创新过程,其指出,探寻结构性影响与个体行动中的复杂关系必须引入民族志的研究范式。

(4) Yin (2003) 等学者认为,个案研究的理论化过程可以为其他案例的研究提供思路。

因此,本研究将使用扎根理论,探究在线报刊创新的影响因素,从在线报刊的创新案例中上升到关于在线新闻的系统理论。

研究方法:

(1) 在本研究中,研究者对在线报刊 "Dagbladet. no" 进行了为期六周的参与式观察,共分为四个观察期 (2005 年 5 月、2006 年 9 月、2007 年 1 月、2007 年 11 月)。

---

① STEENSEN S. What's stopping them? towards a grounded theory of innovation in online journalism [J]. Journalism studies, 2009, 10 (6): 821–836.

（2）这期间，研究者在"Dagbladet. no"的编辑室中进行参与式观察，记录在线专题记者的工作，并对该编辑室中的编辑、记者、技术人员等进行了 28 次半结构式访谈。

（3）研究者还分析了编辑室的相关工作文件、读者意见，并与新闻编辑室的员工保持通信联系。

（4）最终，结合多种文本资料，研究者提出适用于在线报刊创新的理论。

研究结论：

本研究建构出关于在线报刊创新的实质性扎根理论（substantive grounded theory），该理论起源于经典扎根理论中的实质性编码。研究发现，有五个因素会影响当代数字新闻业的创造性，且这五个因素具有复杂的因果关系：

（1）新闻编辑室的自主权是影响当代数字新闻业创造性的最重要因素。

（2）如果新闻编辑室失去自主权，那么其工作文化就不能发挥作用。

（3）如果失去自主权，管理层就不可能确保稳定的创新程序。

（4）数字新闻从业者的个体因素会影响数字新闻业的创造性。

（5）数字新闻业创造的随机性和个性化是在线新闻编辑室创造过程中最普遍的特征。

【案例 5-5】《身体麻烦：对脊髓损伤者日常生活中残障经验的考察》①

研究内容及问题：

本研究以残障者的"身体"作为研究的出发点和落脚点，尝试厘清残障者的身体限制，探讨他们日常生活中的残障体验。具体包括三个研究问题：

（1）残障者如何体验自己的身体，即残障者在身体损伤后的主观感受。

（2）残障者如何控制身体以应对其出现的各种状况，即他们在控制身体时的主观能动性。

（3）控制身体的行为如何影响残障个体与生活世界的互动，即他们控制身体的实践对其参与社会活动的影响。

研究对象选取（方便样本）：

（1）本研究的田野资料主要来自研究者 2014 年 3 月至 10 月在 T 市 S

---

① 鲍雨. 身体麻烦：对脊髓损伤者日常生活中残障经验的考察［J］. 社会学评论，2017，5（3）：76-86.

截瘫疗养院和 S 截瘫康复村进行的田野调查。

（2）S 截瘫疗养院是 T 市政府为安置由 1976 年地震造成的脊髓损伤者而建立的一所公办疗养机构。疗养院从 1979 年 10 月开始筹建，1981 年 5 月开院收治患者。经过 30 多年的运营，截至 2014 年 10 月，疗养院共收治 75 名脊髓损伤者。

（3）S 截瘫康复村是为解决夫妻双方均为脊髓损伤者家庭的无住房问题，由 T 市民政局牵头，社会各界捐款建立的一个脊髓损伤者康复社区。康复村在建立之初共有 50 名脊髓损伤者及其家属入住，组建 25 户家庭。

（4）截至研究者开展本次田野调查，S 截瘫康复村剩余 50 名常住人口，其中脊髓损伤者 37 名，其余为非残障家属。

访谈对象：

（1）研究者先对 21 名脊髓损伤者进行深度访谈，其中疗养院 9 名、康复村 12 名。随后由于研究需要，研究者又访谈了 5 名居家生活和 1 名居住于其他福利机构的脊髓损伤者作为补充。

（2）本研究共深度访谈 27 名脊髓损伤者，编号 F01～F27。

（3）个人总是与周遭的世界相关，个人的残障经验不限于身体体验，也包括与他人、社区、机构进行社会互动中的经验，因此研究者也适时地对脊髓损伤者的家人、疗养院的工作人员、志愿者等就他们与脊髓损伤者的互动情况进行询问与访谈，以期对研究对象诉说的生活事件加以对比与佐证。

研究方法：

（1）本研究以建构主义扎根理论作为指导，通过观察法和深度访谈法来收集资料。

（2）研究者以开放的心态，深入研究对象的生活场景，近距离地观察他们的身体状况和生活起居的方方面面，并采取聊天的形式与研究对象进行交谈，让他们尽可能自由地讲述与残障有关的生活经历。

（3）随着受访者的增多以及对他们日常生活内容了解的加深，研究者逐渐把目光聚焦于他们对自身残损状况的理解、管理身体的方式以及身体体验与管理身体的行为对其社会参与的影响上，并在交谈中对与之相关的议题进行追问与讨论。

研究结论：

（1）当脊髓损伤后，残障者高度体验到身体的客体性，身体给个体的日常生活带来限制，成了残障个体需要特别关注和保护的对象。

（2）作为具有主动性的个体，脊髓损伤者会通过护理原有身体和培育延展性身体等系列身体管理的实践来适应身体的变化，重塑常态化的日常生活。

（3）身体本身的残损和身体管理的麻烦严重挤占了他们本可用于参与社会活动的时间与精力，进一步导致了个体与社会的疏离。

【案例 5-6】《从"一元主体"到"多元主体"："90 后"打工女性主体的类型学分析》①

研究内容：

（1）本研究从"认知"和"资源"两个角度思考：为什么不同类型的女工面对相同社会结构会采取不同的行动策略？

（2）为了回答该问题，本研究通过比较三种类型的打工女性在"认知"和"资源"上的不同，来分析"90 后"打工女性内部三种不同的主体类型。

（3）提出"消极性主体""混合性主体"和"生成性主体"的分类并指出差异，从而为思考"90 后"打工女性个体与社会结构之间的关系提供可能（主轴编码）。

研究方法：

（1）本研究的经验材料主要来源于研究者在珠三角的两个城市——深圳和广州进行的田野调查。作为制造业的聚集区，珠三角是较好的传统制造业打工女性研究的田野地点。

（2）研究者在两个城市各选择一家工厂进行调查，并于 2010 年 6 月至 8 月、2012 年 1 月至 7 月对两家工厂的工人进行访谈；同时，研究者居住在工人聚集的城中村，观察工人的日常生活。

（3）受邀正式接受访谈的有 50 名工人，其中接受研究者观察其生活经历的有 16 名，女工为 10 名、男工为 6 名。这些工人的年龄在 16~20 岁。

（4）在总计 10 个月的田野调查中，研究者和女工同吃同住，共同分享生活经历，收集了大量访谈资料、田野笔记、工厂内部文件资料、报纸、杂志、工人日记、工人 QQ 群聊天记录。

（5）研究者观察这 16 名工人的休闲、消费、购物和恋爱等日常生活，

---

① 苏熠慧. 从"一元主体"到"多元主体"："90 后"打工女性主体的类型学分析［J］. 妇女研究论丛，2021（6）：44-57.

倾听他们诉说情感体验和对未来的打算，并跟踪了他们从 2012—2017 年的人生轨迹。

理论基础：

本研究根据图 5 – 3 中的"认知"和"资源"两个维度建构了"90 后"打工女性"多元主体"的类型学理论框架。根据亚历山大·乔治（Alexander George）和安德鲁·班尼特（Andrew Bennett）对于类型学方法论的探究，类型学方法与统计学方法有很大区别：类型学并不像统计学那样追求普遍性和代表性，而是根据案例的特征划分为不同的类型；不同类型之间因为某些特征（这些特征往往是从理论中推导出来的）的不同而存在差异，相同类型内部共享同一特征，且每一种类型的案例数并不一定相同。

图 5 – 3　"90 后"打工女性"多元主体"的类型学理论框架

因此，本研究根据理论框架中的"认知"和"资源"两个特征将 10 名打工女性归为 3 种不同的类型：

（1）消极性主体。"错位认知"（dislocated cognition）是消极性主体的重要特点，它主要包含打工女性的两种认知上的错位：一是在阶层地位上的主观认知和客观现实出现偏差，也就是这类打工女性不认可自己女工的身份；二是在认知上坚信自己未来会在更高的阶层。有 7 名被观察的打工女性可以归为这种类型。消极性主体使她们对重男轻女的家庭没有任何怨言，她们接受自己在原生家庭中的地位，认同原生家庭里的"女孩干得好不如嫁得好"“女孩子读书没有什么用"等性别不平等观念。她们离开家庭来工厂打工并没有明确的动机。

比如，姚姚受到《非诚勿扰》的影响，很认同“宁愿坐在宝马里哭，也不愿意坐在自行车上笑"这句话：

> （从那些综艺节目里）我学到很多东西。他们上来说了很多，包括职业规划，给人很多人生指导……这个社会太现实了，没房拿什么娶人家。我们县上有个女孩子，她老公没房子，她也嫁给他了，要是我就一定不嫁。我要嫁个有房子的，一起奋斗、一起打拼太辛苦了。

（2）混合性主体。这类打工女性在认知上对阶层和性别双重不平等不仅有着清晰的认知，还对双重不平等有批判和反思的意识。但是她们由于缺乏社会资源，从而陷入了孤独和无助的境地，有 2 位被观察的打工女性可以归为这种类型；她们还会在生活中观察工作场所中的劳动问题并积极进行解决。但由于她们的“资源"不足，导致她们经常陷入孤立无援的境地。

> “阿美，你看你都成了什么样子了。"我把一些关于工伤的小册子给他们看，他们都不理我。他们很害怕，都不敢看。他们对我说：“你都在搞什么啊！"……我今天觉得好委屈啊，昨天也是……有时候我就想自己真的不管了，走好自己的路就得了。如果不管他们（工友）的话，我自己现在也发展得挺好的……有时候我真的在想，我这么做都是为了什么，一点效果都没有，而且我也没落得什么好下场……这种（失望的）感觉真的挺能摧残意志。

（3）积极性主体/生成性主体。这类打工主体不仅能够运用想象力和反思能力对不平等的社会结构进行批判，而且能够建立起基于阶层和性别认同的支持性网络，从而为改变不平等的社会结构提供行动的基础。有 1 位被观察的打工女性拥有这样的特点。

翠翠就是打工女性中生成性主体的代表。翠翠和所有女工一样出生于重男轻女的家庭。和阿美她们一样，她不满于这种性别不平等。她说进入大专并不是为了自己向上流动，而是想为改善工人们的境遇做些事：

之前的经历对我影响很大。我最近一直想为我们这样的（工人）群体做些什么……我想以后做与工会相关的工作……想真正地做些什么事情……我现在经常和大家联系，大家会跟我讲最近的情况，例如工会啊，我现在很关心这个。我想多读些书，看看有没有办法改变大家的生活。

研究结论：

（1）通过比较她们对于相同社会结构的回应，来探寻改变社会结构的可能性。"多元主体"框架通过理想类型的建构，展现了"社会结构影响个体"和"个体反作用于社会结构"两种模式和关系。在生成性主体身上，我们可以看到个体超越社会结构限制，通过不断增能，积极推动社会结构改变的所做出的努力。

（2）本研究对主体性理论进行了中观层面上的拓展。研究者并非用理论裁剪经验，而是在经验与理论的不断对话中，通过批判、修正现有理论，形成自己原创性的"多元主体"框架。其中，"认知"和"资源"这两个从经验事实中"归纳"出来的要素及其延伸而成的"多元主体"框架，是对理论的重要拓展和修正。

（3）本研究的结论对于改变城乡、阶层和性别不平等相互交织的社会结构也具有一定的实践意义。面对资本剥削以及工作和家庭中性别不平等情况的打工女性，仍然能够通过培养批判性和反思性的认知能力以及建立起"姐妹情谊""工人互助"等支持性的社会网络来摆脱不平等的现实带来的枷锁，在不断批判、反思和互助的行动中来挑战不平等的现实和推动社会的变迁。

【案例 5-7】 **《35 岁之后，决定成为母亲：一项扎根理论研究》**
(From awareness to deciding to be a mother after 35 years old: a study of grounded theory)[①]

研究内容：

本研究深入调研女性 35 岁后向母亲身份的转变，旨在揭示这一转变的过程，因而提出以下研究问题：

---

① DOS SANTOS M A F, LOPES M D A P, BOTELHO M A R. From awareness to deciding to be a mother after 35 years old: a study of grounded theory [C]//COSTA A P, REIS L P, MOREIRA A. World Conference on Qualitative Research, 2019.

（1）确定女性 35 岁后向母亲身份转变过程的关键时间节点。

（2）分析女性在 35 岁后成为母亲的困难。

（3）探究女性在 35 岁后接受母亲角色的触发因素。

（4）揭示女性在 35 岁后向母亲身份转变所带来的结果。

研究方法：

（1）本研究使用建构主义扎根理论，运用半结构式访谈、照片传声调研法和田野笔记等方式收集数据。

（2）在对研究对象的选择方面，在初始抽样时本研究确定了入选标准，并使用了理论抽样。在医院或家中对 21 名研究对象进行了 26 次访谈，每次访谈时长为 30~120 分钟，共收集了 6 名受访者的 35 张照片。

（3）在数据分析中，本研究在初始编码中采用了持续比较法，透过多元的资料，从资料中归纳地发展与建构理论。

研究结论：

（1）成为母亲的愿望是研究对象选择生育的关键。触发这种愿望的因素：一是以女性的想法为中心（创造或扩大家庭，延续自己），二是为了夫妻生活的稳定（巩固夫妻关系，理想化浪漫的母职）。

（2）选择合适的时间也是研究对象选择生育的重要因素，相关的社会压力要求女性到"合适"的年龄生孩子才能为社会所接受。但是，"找到合适的人"，即一个对于孩子来说理想化的父亲，是女性选择合适的生育时间最重要的因素。

通过以上运用扎根理论开展研究的优秀案例分析，我们可以对扎根理论的应用进行如下总结：

第一，扎根理论的归纳性推理、持续性比较、目的性抽样、理论性饱和等原则渗透在各种质性研究的灵魂当中。

第二，许多质性研究人类学、质性社会学、口述史的论文，并不直接指出自己使用了扎根理论。

第三，在质性分析软件的帮助下，当代研究中使用扎根理论不再神秘，十分适合初学者。

第四，在援引扎根理论的时候，要注意引用的是哪个版本的扎根理论，并清晰地介绍编码的过程。

第五，扎根理论特别适用于边缘群体研究、探索性研究、以找出"过程""特征""动机"为主要研究目的的研究。

如果想要进一步了解扎根理论的每个步骤，应该读哪些著作、论文？这里推荐两本书，一本是《质性研究的基础：形成扎根理论的程序与方法》①，适用于程序严谨、对客观性要求比较高的扎根理论，如心理学、医学社会学和社会工作等领域，以及比较强调实证主义的研究；如果你更关注建构主义扎根理论，这里推荐另一本书——《建构扎根理论：质性研究实践指南》②，它更适用于质性社会学、人类学等领域，更关注如何呈现受访者的主观经验和感受。

复习思考题

选取一篇有影响力的研究论文，参考【案例5-2】至【案例5-7】的方式，分析其研究内容、研究问题、研究方法和研究结论。

---

① 科宾，施特劳斯. 质性研究的基础：形成扎根理论的程序与方法 [M]. 朱光明，译. 重庆：重庆大学出版社，2015.
② 卡麦兹. 建构扎根理论：质性研究实践指南 [M]. 边国英，译. 重庆：重庆大学出版社，2009.

第六章

写起来！质性学术写作实战

本书前五章已经介绍了关于质性研究的理论和技巧，在本章我们进入实战环节，尝试进行质性学术写作。

数字时代为质性研究学术写作带来了便利和创新。利用先进的软件和算法工具，研究者可以更加高效地管理田野素材、参考文献，与合作者进行远程协作。数字出版和开放获取期刊为学术写作提供了更广泛的传播渠道，博客、社交媒体和预印本平台加速了研究成果的共享。

与此同时，数字时代也带来了新的挑战和要求。在享受技术带来的便捷的同时，研究者也应当注意保护数据安全，做好备份管理，避免数据泄露、丢失。依赖数字工具进行数据收集和分析，也可能导致研究者忽视传统的质性研究方法。

数字时代对学术写作的影响，以及数字工具的利与弊，大家可以在实践中慢慢体会，不断探索适合自己的研究和写作方法。接下来，我们将依次介绍如何描写人物、事件和场景，并在实践中练习。

第一节　形神兼备：质性写作中的人物刻画

质性研究是以研究者本人作为研究工具，在自然情境下，采用多种资料收集方法（访谈、观察、实物分析、焦点团体等），对研究现象进行深入的整体性探究，从原始资料中形成结论和理论，通过与研究对象互动，对其行为和意义建构获得解释性理解的一种活动。[①]

简而言之，质性研究具备以下四个特点：

（1）以人为本：关注人类社会行为及其背后的动机、感受、价值观等。

（2）过程为重：强调对研究问题过程中的变化、影响、联系等进行动态观察和理解。

（3）以情景为基础：注重对具体情景和环境中的现象和问题进行深入探索和理解。

（4）以意义为核心：旨在揭示现象背后所蕴含的深层意义，理解其对研究对象的影响和价值。

---

① 陈向明. 质性研究方法与社会科学研究 ［M］. 北京：教育科学出版社，2000.

质性研究的核心是人，因此人物写作在质性研究资料呈现中非常重要。质性研究通常以某一社会现象中的人作为研究对象，通过对研究对象的访谈、观察积累研究原始资料，记载研究对象的经历、观点和感受等诸多细节。

在质性研究中，人物成为体现核心矛盾的载体。质性研究关注复杂的社会问题或心理现象，这些问题通过人物这一具体矛盾载体得到体现。通过描述和解释人物的生活经历和情感反应，研究者得以呈现出研究问题的复杂性和多面性。

与此同时，人物也是质性研究发现的呈现主体。人物写作为质性研究理论分析提供实证支持，增强研究的解释力和说服力。通过对研究对象生活背景、行为模式、心理状态的分析和叙事性表述，研究者可以发现新的模式、关系或概念，提出新的理论和观点。

从研究伦理规范的角度来说，对研究对象的呈现体现了研究者的尊重。人物写作通过细致描绘研究对象的声音、选择和行动，赋予其主体性，避免将其工具化。尊重和还原研究对象的故事，是研究者人文关怀的体现。

一、建立人物画像

通过访谈和观察，搜集到大量有关研究对象的资料后，我们有多种可以选择的呈现方式，例如人口统计学信息、研究对象总体信息的文字描述、人物小传、叙事简介等。每种呈现方式各有优劣，研究者可以根据研究内容和实际情况灵活选择。

（一）人口统计学信息

以表格等形式简洁直观地呈现研究对象的总体数据，便于比较和综合分析，与量化研究有类似之处。但这种呈现方式缺乏细节，不利于了解研究对象的个性和复杂背景。注意表格中的条目要与研究紧密相关。

【案例 6-1】《平台·公会·主播：不确定数字产业中的生产组织》[①]

研究背景：

算法转向影响媒体行业，加剧创意产业的不确定性和商品化。

---

① 叶韦明，金一丹. 平台·公会·主播：不确定数字产业中的生产组织 [J]. 国际新闻界，2021，43（12）：96-119.

研究问题:

(1) 直播行业的关键行动者(包括平台、公会和主播)面临何种市场环境?

(2) 直播行业如何组织生产?

(3) 关键行动者如何在不确定的市场中获得地位和结果?

研究对象:

根据以上研究问题,在收集和呈现受访者基本信息时(见表6-1),研究者应关注其家乡、教育背景、身份(主播、用户/粉丝、公会运营或公会经纪人等),以回答第二个和第三个研究问题。

表6-1 受访者基本信息

编号	性别	年龄	家乡	教育背景	身份	从事直播/观看直播时间(年)
A1	女	23	城市	大学	主播	3
A2	女	24	城市	大学	主播	2.5
A3	女	21	城市	大学	主播	1.5
A4	男	28	县城	大学	主播	2
A5	男	26	城市	大学	主播	3
B1	女	20	县城	高中	用户/粉丝	1
B2	男	29	农村	专科	用户/粉丝	2
B3	男	26	城市	大学	用户/粉丝	4
C1	女	28	县城	职高	S公会运营	4
C2	女	26	城市	大学	S公会运营	2
C3	女	26	农村	职高	S公会运营	4
C4	男	29	城市	大学	S公会运营	3
C5	男	25	农村	职高	S公会运营	1.5
C6	男	28	县城	大学	S公会运营	2
D1	女	29	城市	职高	S公会经纪人	1.5
D2	女	2	县城	大学	S公会经纪人	2
D3	女	28	城市	大学	S公会经纪人	1
D4	女	30	城市	大学	S公会经纪人	3
D5	女	27	县城	大学	S公会经纪人	3.5
D6	男	29	城市	职高	S公会经纪人	2
D7	男	32	城市	大学	S公会经纪人	4
D8	男	28	农村	职高	S公会经纪人	3

（续上表）

编号	性别	年龄	家乡	教育背景	身份	从事直播/观看直播时间（年）
D9	男	30	城市	大学	S公会经纪人	3.5
D10	男	27	城市	专科	S公会经纪人	2
E1	男	28	县城	专科	某公会经理	5
E2	男	33	城市	大学	某公会总监	8

【案例6-2】《K-pop 粉丝劳动与另类创意产业：对 GOT 7 中国粉丝的案例研究》[①]（K-pop fan labor and an alternative creative industry：a case study of GOT 7 Chinese fans）

研究背景：

韩国流行音乐或 K-pop 在全球观众中受到欢迎，这样的成功背后的推动因素之一就是其粉丝文化的独特性。研究者将K-pop粉丝劳动分为三种类型：专业劳动、管理劳动和非熟练劳动。

研究对象：

研究者用以下形式呈现受访粉丝的劳动分布（见表6-2）。

表6-2　受访者名单

编号	笔名	性别	年龄	居住地	籍贯	主要粉丝劳动
1	Yanhui	女	23	广东	广东	视觉物料、欢呼牌、咖啡馆欢庆活动
2	Xiwen	女	23	北京	北京	团购、欢呼物料
3	Xixi	女	24	北京	内蒙古	流媒体重复播送
4	Xinchen	女	23	北京	北京	咖啡馆欢庆活动
5	Yujing	女	25	天津	山西	咖啡馆欢庆活动、欢呼牌、同人小说
6	Siqi	女	23	首尔	上海	翻译、视觉物料、欢呼牌
7	Tongtong	女	23	首尔	湖南	流媒体重复播送
8	Xinfei	女	22	首尔	甘肃	视觉物料

研究结论：

粉丝劳动将 K-pop 产业转变为另类创意产业，作为创意劳动的粉丝劳

[①]　SUN M. K-pop fan labor and an alternative creative industry：a case study of GOT7 Chinese fans ［J］. Global media and China，2020，5（4）：389-406.

动是 K-pop 产业不可或缺的一部分。粉丝劳动被用来区分粉丝和非粉丝，并在感恩的、更热心的粉丝和不为粉丝圈子或偶像的成功作出贡献的粉丝之间划清界限。

(二) 访谈对象总体信息

简洁的文字概述让读者迅速了解研究对象整体情况，多种统计描述方法（如平均值、百分比）具有较强的灵活性；但其描述的信息有限，有时显得枯燥。

【案例 6 - 3】《作为复媒体环境的社交媒体：中国留学生群体的平台分配与文化适应》①

研究主题：

本研究试图研究中国留学生群体的平台分配与文化适应。选取该访谈对象的原因主要是：中国留学生是一个数量庞大的跨国流动群体，他们身处异国他乡，一方面可能渴望独立于父母，融入当地社会；另一方面又可能遭遇文化适应等问题，需要来自母国亲密关系的情感和物质支持。

研究对象：

本研究基本涵盖了中国留学生目前的主流留学目的地，其中包括美国 (11 人)、英国 (4 人)、澳大利亚 (2 人)、韩国 (1 人)、日本 (1 人)、奥地利 (1 人)；被访者中包括 5 名本科生、13 名硕士研究生和 2 名博士研究生；其中有 10 名男性、10 名女性；年龄范围从 20 岁到 28 岁，绝大多数在留学时处于成年初显期阶段。被访者在国外生活时间从半年到四年不等。

【案例 6 - 4】《在城里，他们"哔哔哔"：日本农村社区中数字媒体的可供性与想象的联系（断联）》[In the city, they go "pit pit pit": digital media's affordances and imagined (dis) connections in a rural Japanese community]②

研究主题：

本研究探讨了日本农村社区的下层阶级人士如何在日常生活中使用数字媒体，以及这种技术使用如何塑造他们的自我意识。借鉴民族志研究，

① 董晨宇，丁依然，段采薏. 作为复媒体环境的社交媒体：中国留学生群体的平台分配与文化适应 [J]. 国际新闻界，2020，42（7）：74 - 95.

② DARLING-WOLF F. In the city, they go "pit pit pit": digital media's affordances and imagined (dis) connections in a rural Japanese community [J]. New media & society, 2020, 23 (7): 1863 - 1881.

探讨了个人接受数字技术的当地特定方式，以及无论是在当地还是在国家和全球背景下，该技术的"想象的可供性"如何与他们的文化、地域和阶级身份相交织。

研究对象：

研究者对三个不同家庭以及家庭成员的朋友和亲戚进行了广泛的参与式观察，涵盖了各种场景（如社交活动、教育环境、爱好和相关活动），并进行了多次额外的非正式对话。以下出现的所有名字都是假名。年龄有的为精确描述（例如22岁的男性），有的按十年划分的（例如60多岁的女性），取决于个人分享此类信息的舒适程度。……虽然按照全球标准来看，该社区并不贫穷，但与日本普通人口相比，该社区成员往往属于相对较低的阶层——稻农、小店主、低层白领。

（三）人物小传

在期刊论文中，使用人物小传的形式呈现研究对象较为罕见。这种方式适用于展示关键研究对象，可以保留研究对象的原貌，展现真实细节，聚焦具有主体性的人物，为论证提供真实案例。同时，这种方式不影响行文，不会把人拆成可操作的片段，体现了研究者的人文关怀。但读者难以从中提取关键的人口统计学信息。

【案例6-5】《不如"游牧"：照护情境中的认知症老人媒介生活研究》[①]

研究主题：

本研究通过合作民族志的研究方法，探讨了照护情境中认知症老人的媒介生活。研究发现，新媒介并非总是更优选择，认知症老人因生理和认知衰退，存在退用和乱用媒介的行为。在反复经历数字反哺的失败后，照护者逐渐觉察到老人的实际需求，寻找适宜的媒介，形成游牧式的媒介生活。文章反思了"数字融入"政策的局限，指出应从老人的需求出发，而非一味追求数字融入。

---

① 章玉萍，吴心越. 不如"游牧"：照护情境中的认知症老人媒介生活研究［J］. 新闻记者，2023（11）：71-82，94.

研究对象：

研究者用以下形式呈现了研究对象的信息，展现出关于照护者和认知症老人的生活细节（见表 6-3）。

表 6-3　访谈/观察对象简介

访谈/观察对象	简介
第一作者母亲	20 世纪 50 年代出生，现居于 G 市养老院，重度认知症，喜欢听音乐，不爱说话，生活无法自理
周伯	20 世纪 40 年代出生，现居于 C 市养老院，重度认知症，对物品和空间环境缺乏识别能力，爱与人聊天，生活半自理
陈姨	20 世纪 30 年代出生，现居于 C 市养老院，重度认知症，语言表达失去逻辑连贯性，生活无法自理
王姨	20 世纪 30 年代出生，现居于大女儿家中，重度认知症，不爱说话，生活无法自理
王姨女儿	20 世纪 50 年代出生，私营业主，雇佣一名住家保姆共同照顾母亲
宋姨	20 世纪 30 年代出生，现居于 C 市养老院，重度认知症，曾有走失经历，入院后仍有游荡行为，爱捡垃圾，常受护理员约束，生活无法自理
宋姨女儿	20 世纪 60 年代出生，退休职工，几乎每隔一天到 C 市养老院看望一次母亲，陪伴母亲在走廊步行
苏伯	20 世纪 40 年代出生，现居于 C 市养老院，重度认知症，曾有游荡和暴力行为，因药物治疗变得沉默木讷，生活无法自理
苏伯妻子	20 世纪 40 年代出生，退休职工，居家照顾苏伯多年，入住 C 市养老院后，每天从早到晚陪在苏伯一旁
钱姨	20 世纪 30 年代出生，现居于 C 市养老院，重度认知症，喜爱唱歌和社交，偶有暴力行为和狂躁症状，生活半自理
王叔	20 世纪 60 年代出生，C 市养老院门卫保安，爱与老人互动
史姐	20 世纪 80 年代出生，C 市养老院护理主管

【案例 6-6】《全球"猎身"：世界信息产业和印度的技术劳工》①

研究主题：

本研究关注全球信息产业中印度技术劳工的迁移和工作状况，分析了印度 IT 专业人士如何被招募、培训，并输送到全球劳动力市场，尤其是美国。

研究对象：

作为一部体量较大的研究专著，本研究以附录形式详细介绍了每位受访者的生平。以下人物小传引自书中"附录二　旋转中的人生：被访者索引与小传"一节：

阿什汶（Ashwin），乌代的表兄弟，1998 年持 H-1B 签证去往美国。

阿斯夫·阿里（Asi Ali），海得拉巴人，穆斯林信徒，化学工程师。于 1992 年至 1995 年在沙特阿拉伯工作，1995 年从沙特移民到加拿大，1999 年回到沙特首都利雅得开始经营他的职业中介生意。他的"劳力行"专长于印度—中东—西方这样的三角大调配。

钱德里（Chandary）和希丽莎（Shireesha）是一对年近五十的泰卢固夫妻，曾在印度若干地方的不同大公司做过经理。1985 年，钱德里在以前的一位泰米尔同事的介绍下，来到新加坡在一家公司工作；随后夫妻二人都来到新加坡。后来，钱德里又被新加坡的公司派驻马来西亚，在那里工作到 1988 年，而后在另一个印度朋友的建议之下，其正式移民到了澳大利亚。

从以上案例中可以总结出，人物小传具有以下特点：

（1）扣紧主题，源于生活，内容真实。

（2）抓住个性，形象鲜明，用典型写活。

（3）把握顺序，条理清楚，方便读者明确层次和脉络。

（4）注重细节，见微知著，增强可信度和感染力。

人物小传的描写具有一定文学性。关于如何将人物小传写得简明扼要，并尽量传达关键信息，可以借鉴小说家杨汉娜（Hannah Yang）提供的小说角色创作

---

① 项飙. 全球"猎身"：世界信息产业和印度的技术劳工［M］. 北京：北京大学出版社，2012：187.

模板（见表6－4）。① 该模板帮助作者通过简单罗列清单的方式，描述角色的背景、个性和关系，创建丰富而立体的角色，引起读者的共鸣，使文章论述读起来真实而引人入胜。

表6－4　杨汉娜的小说角色创作模板

类别	内容
基本情况	名字、年龄、性别、职业、地点
外貌	第一印象、身高和身材、头发和眼睛、区别标记、服装风格
声音和对话模式	言语模式、语气和风格、隐喻和术语
背景和历史	家庭背景、教育背景、文化背景、重要的生活事件
性格和特质	性格特征、优点和缺点、习惯和怪癖、兴趣和爱好、恐惧和动机、矛盾、秘密
人际关系	朋友和盟友、敌人和对手、浪漫关系
目标与冲突	短期目标、长期目标、内部冲突、外部冲突
发展弧线	欲望和需求、开始状态、关键变化、结束状态

你也可以参考杨汉娜列出的问题清单，选择回答部分问题，对研究对象进行更为具体的描述：

1. 基本情况

名字：全名、昵称或别名。这些昵称或别名有何含义？谁会这样称呼他们？

年龄：研究对象的年龄，并思考他们的年龄如何影响其观点和行为。

性别：确定研究对象性别，并考虑他们的性别如何影响他们的互动和体验。

职业：研究对象如何维持生计？他们对自己的工作感觉如何？

地点：研究对象住在哪里？描述他们的家和社区，以及他们生活中的重要地点。

2. 外貌

第一印象：第一眼看到研究对象的时候，你注意到的第一个特征是什么？

身高和身材：描述研究对象的身高和身材。

头发和眼睛：详细说明头发颜色、发型和眼睛颜色。有什么特点吗？

---

① HANNAH Y. The best character template for fiction writers［EB/OL］.（2024－07－24）［2024－08－28］. https：//prowritingaid. com/character－template.

区别标记：研究对象的身上有没有疤痕、文身或胎记？

服装风格：研究对象穿什么样的衣服？他们有没有自己标志性的风格，或是最喜欢的衣服？

3. 声音和对话模式

言语模式：研究对象是怎么说话的？他们有没有特定的口音、最喜欢的短语或独特的说话方式？

语气和风格：研究对象在对话中的语气是怎样的？是正式的、随意的、讽刺的，还是直截了当的？

隐喻和术语：是什么影响了研究对象使用的语言和术语？例如，鸟类学家可能会使用很多与鸟类相关的明喻，而水手可能会选择与船有关的明喻。

4. 背景和历史

家庭背景：谁是研究对象生活中重要的家庭成员？描述他们的关系。

教育背景：研究对象的教育背景是什么？他们对自己的教育有什么看法？

文化背景：考虑研究对象的文化、种族和宗教背景。这些因素如何影响他们的世界观？

重要的生活事件：概述塑造研究对象性格的关键事件，包括童年经历、创伤、成就或转折点。

5. 性格和特质

性格特征：描述研究对象的性格特征。他们是内向还是外向？乐观还是悲观？

优点和缺点：确定研究对象的主要优点和缺点。这些特质如何影响他们的行为和决定？

习惯和怪癖：列出研究对象的一些习惯或怪癖，让人物感觉更真实。

兴趣和爱好：研究对象的兴趣、技能和爱好是什么？他们真正热衷于什么？

恐惧和动机：研究对象最大的恐惧是什么？是什么促使他们采取行动？

矛盾：研究对象有什么有趣的矛盾，使他们变得复杂？

秘密：研究对象有什么从未告诉过别人的秘密吗？如何呈现这些秘密？

6. 人际关系

朋友和盟友：研究对象有哪些朋友？描述他们的关系，以及他们之间的互动。

敌人和对手：研究对象有没有敌对的人？是什么导致了他们之间的冲突？

浪漫关系：研究对象是否身处一段浪漫关系中？这如何影响他们的行为和决定？

7. 目标与冲突

短期目标：近期目标是什么？想在短期内实现什么？

长期目标：长期抱负是什么？这些目标如何推动故事的发展？

内部冲突：描述研究对象的内心冲突，增加他们性格的深度和复杂性。

外部冲突：研究对象遇到了哪些外部挑战？他们如何处理这些障碍？

8. 发展弧线

欲望和需求：研究对象想要什么？需要什么？其中的冲突如何迫使他们发生转变？

开始状态：在故事开始时，描述研究对象最初的态度、信仰和处境。

关键变化：确定导致研究对象在整个故事中改变或成长的关键时刻或事件。

结束状态：研究对象在故事结束时是怎样的？他们学到了什么？取得了什么成就？

（四）叙事简介

交代人物相关的事件信息，简述研究对象的背景和重要经历，同样能够为论证提供实证支撑。但这种方式所呈现的信息过于简化，更适合展示少量研究对象，难以用于大规模研究。

例如，《做主播：一项关系劳动的数码民族志》采用数码民族志研究方法，探讨了中国网络秀场直播中主播与观众之间的经济关系和亲密关系。研究者在5位女主播的直播间里进行了参与式观察，并辅之以对其他21位研究对象的半结构访谈。研究中的叙事简介如下：

> 在田野中，我们逐渐聚焦到来自中国中部地区 A 市、同一公会的三位兼职女主播：Wendy、Pearl 和 Jessie，以及两位在中国北部地区 B 市的兼职女主播 Gill 和 Qiao。对于前三位主播而言，她们平均每周直播5次，每次2小时左右。她们不仅会经常连麦 PK，各自直播间的观众也会相互流动，从而形

成了一个松散的小型人际交往圈；与前三位不同，最后两位主播 Gill 和 Qiao 则与公会签订了合作协议，需要每天直播 6 小时，每周休息一天。①

二、研究发现部分的人物描写

（一）关键写作技巧：平衡"描述"和"判断"

在质性研究学术写作中，区分描述和判断至关重要，这有助于保持写作的客观性和准确性。

描述是对研究对象的具体事实、现象、数据的陈述，不包含主观评价和结论，利于读者通过动作、感官和其他生动的细节来自主体验故事。"判断"是在"描述"的基础上进行解释、推理或评价，包含个人观点或某种价值倾向，但能够让读者快速得到一个答案。

如果你为某人或某事件做出判断，人们可以简单地知道所发生的事实；如果你通过特定的细节"描述"某人或某事件，人们会觉得他们亲眼看到了此人，亲身经历了此事件。

好的论文应该在描述和判断之间保持平衡，确保既有扎实的事实依据，真实、生动、鲜活的人物故事，又能得出合理科学的结论。而初学者经常容易在田野过程中过早地进入判断阶段，而跳过质性研究中最为关键的"描述"。

在质性研究的学术写作中描述人物，主要有以下技巧：

（1）注重细节：关注研究对象或情境中的具体细节，准确反映研究对象现实情况。描述应该尽量详细，以确保读者能够全面了解情境，但又不至于信息过载。

（2）避免使用修辞手法：描述应当直截了当，避免使用比喻、夸张、拟人等修辞手法，不掺杂个人情感或观点。

（3）使用中性、具体的语言：避免带有强烈情感色彩或价值判断的词汇，选择具体而明确的语言，以帮助读者准确地理解所描述的情况。

（4）直接引用研究对象的言语：质性研究中直接引用研究对象的言语是进行描述的有效方式。能够准确反映研究对象的想法和情感，而不引入研究者的解释或评判。

---

① 董晨宇，叶蓁. 做主播：一项关系劳动的数码民族志［J］. 国际新闻界，2021，43（12）：6－28.

（二）平衡个体与群体描写

社会课题写作关注人群，而小说往往关注个体。民族志写作则融合了这两种体裁的特征，通过描述个体来展现人群。找到你要描写的人所属的最广泛的人群，强调这个人群中与你写作最相关的地方，并展现你要描写的人如何融入或区别于这个群体。

一个群体的特征可以通过大部分的个体体现出来。在民族志写作中，我们要通过个体来集中展示该群体的共性，例如共同面对的情况、现状、问题：

> 对于一个由亲密好友组成的团体来说，他们在游戏共玩之前大多早已通过微信群建立了稳定、活跃的交往关系。在我们的 17 位受访者中，10 位受访者都在类似的群聊中。[1]

> 由于经常熬夜接单和更新网页，相当多的卖家表示自己睡眠不足，白天困倦疲惫，注意力不集中，甚至记忆力都下降了。更因为经常晚睡，许多卖家养成了不吃早饭的习惯，午饭拖到下午两三点，晚饭延迟到七八点（傍晚又恰好是打包发货的时间）。饮食上的不规律令这个职业群体普遍患有胃肠疾病，不少卖家都随身携带胃药，以备不时之需。此外，由于工作需要在电脑前久坐不动，颈椎病、肩周炎、视力退化也成了他们常见的职业病。[2]

与此同时，我们应当注意，不可把特定群体理解为高度同质化的、"铁板一块"的共同体。为了丰富对群体内部的理解，我们需要使用类型学方法，对群体内部不同个体进行分类。

【案例 6-7】《"金色牢笼"：美国华人高技能家属移民的"再女性化"困境》[3]

研究背景：

在以家庭为单位的移民中，女性往往牺牲自身事业以支持家庭在新环

---

[1]　董晨宇，丁依然，王乐宾. 一起"开黑"：游戏社交中的关系破冰、情感仪式与媒介转移 [J]. 福建师范大学学报（哲学社会科学版），2022（2）：96-107，171-172.

[2]　钱霖亮. "嘉年华"的阴影：中国电商行业的数字资本运作与创业劳工的形成 [J]. 江苏社会科学，2020（3）：88-99.

[3]　黄雅兰. "金色牢笼"：美国华人高技能家属移民的"再女性化"困境 [J]. 华侨华人历史研究，2021（1）：72-84.

境中的安顿与重建，即便是一些接受了高等教育、掌握高技能的女性也会遭遇向下的职业流动。而美国的移民政策不同程度地对家属移民的工作、经济权利加以限制，更加剧了女性家属移民的工作困境，使其不得不受困于家庭，扮演更加保守的性别角色。

研究问题：

（1）女性家属移民后的家庭角色和工作状态如何改变？

（2）哪些因素造成了此种改变？

（3）女性如何看待这种家庭角色的变化？

研究对象：

在"攸关的接合时刻"，华人女性高技能家属移民不平均地分布于从工作到家庭的渐变带上，其中大部分人落在了家庭一端，仅有极少数专业对口的女性能突破签证的限制，回到移民前的工作行业和地位中。具体而言，这些女性可分为以下四类：

（1）硬核专业，续写辉煌。

（2）重返课堂，艰难转型。

（3）家庭为主，线上兼职。

（4）回归家庭，全职主妇。

【案例6－8】主流、非主流、局外人和变色龙：论中国 ACGN 发源地的主流化、平台化和再归约化[①]（Mainstreams, mavericks, misfits, and amphibians: on the mainstreaming, platformisation, and re-conventionalisation of the former home of Chinese ACGN）

研究主题：

本研究探讨了在 2016 年"哔哩哔哩"主流化、平台化、商业化兴起的背景下，不同创作者的应对策略和发展现状。研究关注哪些"老牌"视频创作者已经适应并保持成功，哪些新来的视频创作者目前正在蓬勃发展，以及以前的 ACGN 粉丝当下的处境。

---

① LIU T, CHEN X, LIN Z. Mainstreams, mavericks, misfits, and amphibians: on the mainstreaming, platformisation, and re-conventionalisation of the former home of Chinese ACGN [J]. China perspectives, 2024（136）: 75－86.

研究对象：

基于以上研究问题，研究通过类型学方式展示了四种不同的视频创作者（见表6-5）。

表6-5　"哔哩哔哩"视频类型介绍与典型案例

创新驱动力类型	当下"哔哩哔哩"平台上的创新驱动者	典型案例
主流	认同中国官方软宣传的人	国仁乡建、ZG正能量China
非主流	受利益驱动的新兴视频创作者	阿锐与摄影师
局外人	早期硬核ACGN视频创作者及粉丝	彩虹社
变色龙	对商业化和主流文化适应良好的早期ACGN视频创作者	视角姬

通过以上案例可知，从群体到类型，能够缩小研究对象的范围。最后，通过特写关键人物，展现关键个体与所属群体的相似处与差异处，我们就能让研究呈现出更加丰富的细节。

参考下面的问题清单，我们还可以观察和记录关键个体的不同面向：

（1）访谈对象常穿的衣服是什么？有没有在特定场景穿的衣服？

（2）陌生人看到访谈对象第一眼，会注意到什么？

（3）访谈对象有怎样的性格？怎样体现这种性格？

（4）访谈对象有什么习惯的动作？在特定场景下会经常做什么动作？行为有什么特征？有没有特殊的步态？

（5）访谈对象说话的方式是怎样的？观察语气、语速、手势等细节。

（6）访谈对象有什么爱好？为此他们投入了多少精力？

（7）访谈对象有什么物品？如何处理自己的物品？

（8）访谈对象经常在哪些场所活动？在特定环境下，访谈对象可能会出现什么行为？

通过关键人物的访谈资料，我们可以更好地展示研究群体的共性。例如在《"金色牢笼"：美国华人高技能家属移民的"再女性化"困境》一文中，作者提出，当女性移民所学专业或先前所处行业为易与国际对接（internationally transfera-ble）的科学、技术（特别是与计算机和互联网相关）和管理等领域时，更可能找到提供H-1B签证的工作，从而与国内的职业路径完美对接甚至获得更好的发展。为佐证这一观点，研究中对访谈对象 H 作了如下介绍：

> 2011 年 4 月来美国，之前在国内是计算机专业，在百度从事软件工程师，来美国后继续做软件工程师，在百度和谷歌都是在搜索部门，工作内容基本完全一致。因为专业问题，找工作还算顺利，5 月就拿到谷歌的职位，然后开始申请转成 H - 1B 身份，10 月 H - 1B 身份生效就开始上班了。
>
> 如 H 所说，她能快速找到工作是"因为专业问题"。计算机科学是当之无愧的"硬技能"，一方面有很强的国际对接性，几乎不受语言限制——H 坦诚，自己虽然来美国 4 年多了，但英语水平仍停留在日常交往的水平，因为"写代码的话，大家写的都一样，用来交流工作的英文也很有限"；另一方面，她的技能属于美国当前最迫切需要的 STEM 领域。①

对关键人物进行差异性描写，可以更好地展示研究群体内部的异质性。例如在《技术的应许与脆弱不安的生命：残障者的互联网工作实践》中，研究者对残障社群里的"老大哥"进行特写，通过直接引用访谈对象的语言，体现出残障者如何挣扎着将自身的忍耐力转变成为自己能在互联网工作实践中生存下去的"比较性优势"。

同时，研究者在文章里插入了自己作为叙述者的声音，指出基于这种互联网工作实践及其可能的数码融合，残障工作者还能逐渐在现实生活世界之外，与"互帮网"的其他"同事"通过 QQ 群、微信群等媒介逐渐形成一种网络社群，也即某种程度的共同体，这是残障研究一直提倡的一种社会融合的可能。在我国情境下，这种网络社群还被营造出某种"家庭"氛围。

> 残疾人最能坚持。为什么这么说？就以我来说，从小就是残疾嘛，那么这个痛苦是每天都会存在的，比如说因为你残疾了以后，在非自然状态下行走，你走一步它都会疼的，它跟躺在床上长褥疮是一样的，就是你不躺在床上得了褥疮，你是无法体会得褥疮的人的痛苦的。它的疼痛是无时无刻不在的，稍微挪动一下身体它都会在，因为它都是脓，那个肉在外面，所以这种痛苦可能常人无法理解，但是残疾人已经习以为常，所以他们知

---

① 黄雅兰."金色牢笼"：美国华人高技能家属移民的"再女性化"困境［J］. 华侨华人历史研究，2021（1）：72 - 84.

道坚持。那能怎么办？你只有坚持对吧。所以对残疾人来说，就是对大脑正常的残疾人来说，他的普遍意识会高于常人，耐受能力也会高于常人，对，高于常人能忍耐是我们的一种比较性优势。（受访者袁先生）

在访谈中，访谈者并不称呼袁先生为老板，而是称呼其为"老大""袁老大""老大哥"——一种在中国情境下类家庭化的亲昵称呼。[①]

三、人物故事作为回答研究问题的论据

人物故事不仅可以用于佐证研究的主要结论，而且能用于直接回答研究问题。尤其在否定某个流行观点的时候，人物故事可以简洁有力地提出反面论据。在提取人物故事时，注意选取最典型的、与问题直接相关的案例。

以《不如"游牧"：照护情境中的认知症老人媒介生活研究》为例，文中提出："非数字化的生活一定需要修复吗？"下面这段人物故事恰恰说明，数字融入（即通过各种政策措施消减人们进入数字化的障碍）并不是唯一的出路，因为人们不采纳数字媒介的现象背后，可能存在其他替代方案。

因为认知障碍造成的自我表达困境，照护者可以通过人际互动的"实验"，体察患者的真实需求。……"我给母亲买了一个佛经播放器，里面存有上百首佛经歌曲，但她听了几天就不再使用。播放器的驯化宣告失败。直到我偶然间给她播放了郭兰英和彭丽媛的歌曲，她表示'真好听'。……每当给母亲播放《我的祖国》《洪湖水浪打浪》《南泥湾》，她便会沉醉其中，跟着旋律吟唱和舞动双手，反复聆听，不觉腻烦。"[②]

在《"嘉年华"的阴影：中国电商行业的数字资本运作与创业劳工的形成》一文中，研究作者借助人物故事展现了更加复杂的图景。

---

① 林仲轩，杨柳. 技术的应许与脆弱不安的生命：残障者的互联网工作实践 [J]. 国际新闻界，2021，43（8）：105 – 123.

② 章玉萍，吴心越. 不如"游牧"：照护情境中的认知症老人媒介生活研究 [J]. 新闻记者，2023（11）：71 – 82，94.

平台制造的不确定性因素就这样一直困扰着卖家。当它给卖家带来的身心压力达到一定程度，卖家便很容易产生职业倦怠。在调查期间，笔者听到许多卖家抱怨做网店生意太累了，自己迟早要退出。销售女装的何小姐这样描述自身的状态：

"我每天早上 7 点就起来了，第一件事就是开电脑，一直干到凌晨 1 点。每天都很忙。女装行业竞争很激烈，为了吸引顾客，我得不断找新款、拍照、做文案。新产品表现不好又很焦虑。我的朋友都劝我不用那么拼，钱是赚不完的，身体最重要。我现在也这么想，退圈才能保平安。"

然而，截至笔者结束调查，何小姐的生意还在继续，究其原因还是有利可图。事实上，平台能够持续对卖家造成困扰、对卖家进行压迫和剥削的根源也在于后者因为有利可图继续停留于此；但是当网店收益不足以平衡卖家所承受的压力和剥削时，职业倦怠会促使卖家退出，平台将很难再对他们施加影响。朱小姐就是一个突出的例子。笔者访谈她时，她已经关了经营两年的店铺，到义乌的一个机关单位上班。回顾过去，她坦言自从开了网店就过上了"不正常"的生活，钱没赚多少，落了一身病，还惶惶不可终日，最后决定放弃。退出 TB 平台也不用办什么手续（只需要向平台申请退回保证金），她只是在结业前低价处理了库存，然后便将店铺闲置了。因为手机里还装着 TB 平台的软件，每日还会提醒当日的成交状况，偶尔还有顾客来咨询，她也不再理会。上班以后，虽然工资不算太高，但朱小姐用积蓄做了一些财务投资，总收入跟过去比相差无几。但她强调重要的是不用那么辛苦，双休日有时间跟朋友聚会，已回归一个正常人应有的生活。

朱小姐能够全身而退表明 A 集团的平台虽然在电商领域内具有垄断权力，但这种权力尚未侵入社会的其他部分，未对卖家的生活实现全面控制。①

在这项研究里，该人物故事用于论证互联网世界仍然存在着相对自由的退出机制。这一退出机制以及先前提及的抗拒机制的存在，挑战了"数字资本主义已然成为 21 世纪'奴隶制'"的假说。由此，研究提出，尽管确实承受了数字资本企业的剥削，包括电商卖家在内的某些互联网用户在是否成为数字劳工的问题上是有一定

---

① 钱霖亮 . "嘉年华"的阴影：中国电商行业的数字资本运作与创业劳工的形成 [J]. 江苏社会科学，2020（3）：88 - 99.

选择权的；即使他们主动成为数字劳工，也并不是接受文化宣传的结果，而可能是追逐利益的理性选择。

四、剪裁访谈资料放入论文的几点原则

了解了人物故事在研究中的作用之后，我们来探讨如何选择访谈资料，使人物故事服务于我们的论述。也就是说，如何从访谈中选取关键性的内容。一般而言，我们可以遵循以下三个原则。

首先，选择信息量最大、密度最大的对话、叙述，这样的内容最能体现研究发现，如《一起"开黑"：游戏社交中的关系破冰、情感仪式与媒介转移》中的叙述：

> 本研究发现，对于新认识的朋友，抑或是希望建立联系却寻找不到合适契机的社会关系，游戏很可能成为理想的"破冰"途径。S3 的工作职位是市场营销，通过打游戏和一些从事研发工作的同事建立了良好的关系。他认为，如果不是游戏，在现实工作中他们恐怕很难寻找到共同的话题和交集，一旦通过打游戏破冰，便可以拓展双方的交流话题，甚至从娱乐拓展到工作。①

其次，围绕最典型的事件选取素材，进一步佐证研究发现的内容。在《理解"小规模"平台：一项对中资跨国信息科技公司的民族志案例研究》（Understanding "smaller-scale" platforms: an ethnographic case study of Chinese-owned multinational infotech enterprises）一文中，研究作者指出，中国小型直播平台出海过程中常常要遇到不可预测的情况，外派的员工可能会遇到非法的人身攻击甚至极端军事行动的威胁。为了获取利润、保住工作，公司和员工都试图与这种不可预测性共存。研究者选取下面的两则人物故事佐证研究发现。

（前情：2022 年 2 月，俄乌冲突爆发，彼时正在莫斯科分公司的外派员工吉娜和团队成员收到公司指示，紧急前往最近的土耳其分公司避险。）

---

① 董晨宇，丁依然，王乐宾. 一起"开黑"：游戏社交中的关系破冰、情感仪式与媒介转移［J］. 福建师范大学学报（哲学社会科学版），2022（2）：96－107，171－172.

吉娜描述了她突然从莫斯科搬到土耳其的情况，她说："我立即收拾了所有的东西……我甚至没有告诉我的父母我要离开莫斯科；我只在到达土耳其后才告诉他们。与我们同行的一些同事先前得了新冠，刚刚康复，还没有完全恢复健康。"公司对正在发生的事件做出的迅速反应表明，在这种环境下小型平台需要表现出灵活性和适应性……

（外派到土耳其分公司的）杰森描述他在该公司学到的第一课："我在一个无法无天的地方工作。"……外派的中国籍员工通常会严格保密自己的联系方式和地址，因为当地直播中介人员知道通常拍板决定的实际上是中国员工。然而，即便如此，外派的中国员工还是经常受到当地直播中介的线下骚扰，甚至收到死亡威胁。①

最后，除了典型案例之外，我们也要选取具有差异性的案例，对研究结论进行补充，丰富研究的维度，如《不如"游牧"：照护情境中的认知症老人媒介生活研究》中选取的案例：

> 除了退用媒介，老人还可能乱用媒介。中重度认知症老人普遍存在乱用媒介的情况：无法将各类媒介置于日常生活中原本"应有"的角色。住在 C 市养老院的周伯患有重度认知症，已经无法识别各类生活用品及其"正确"用途。他常常把自己的手表放在一只随身腰包的深处，当被询问为什么不把手表戴在手上，他反问道："这种天气戴什么手表？"之后，周伯带领我们去参观他的房间，一进门就指着洗衣机说："这是烧饭的，滋啦滋啦（模仿炒菜的声音）。"洗衣机旁有台冰箱，周伯打开冰箱给我们看，里面放着两只袜子、两个晾衣服的夹子，还有一支筷子。没有插电的冰箱显然已经被当作储物柜。②

---

① LIU T, PERTIERRA A C. Understanding "smaller-scale" platforms: an ethnographic case study of Chinese-owned multinational infotech enterprises [J]. Global media and China, 2024, 9 (3): 402 –417.
② 章玉萍，吴心越. 不如"游牧"：照护情境中的认知症老人媒介生活研究 [J]. 新闻记者，2023 (11): 71 –82，94.

第二节　跃然纸上：关键事件的生动描写

本节我们将深入探讨质性研究论文中的一个重要组成部分——事件描写。事件描写是指在研究中对特定事件或现象进行详尽而生动的叙述，它能够帮助读者理解研究的背景和情境。

首先介绍事件描写的概念，以及它在质性研究中的作用，并阐释为何这一环节对于构建有说服力的论文至关重要。接下来，我们将详细阐述事件描写的具体步骤，包括如何选择和识别关键事件、如何收集和整理相关的数据，以及如何将这些数据转化为连贯的叙述。

其次探讨事件描写的写作策略。这部分内容将指导研究者如何通过语言和修辞技巧来增强叙述的吸引力和说服力，包括如何组织访谈材料、应该使用哪些词汇、如何介绍事件背景、如何巧妙使用数据等。

最后总结事件描写的写作原则。这些原则是研究者在写作过程中应遵循的基本准则，包括如何保持客观中立、真实准确，同时提出自己的批判性分析。通过本节内容的学习，研究者将能够更加自信和专业地进行事件描写，从而提升质性研究论文的质量和影响力。

一、论文中的事件描写

在采用民族志、参与式观察或田野观察等方法时，研究者需要对实际发生的事件进行细致、深入的描述和记录。

事件描写不仅仅是对事件本身的再现，更是对事件发生的背景、参与者的行为、情感反应以及事件对社会、文化等层面的影响的全面刻画。通过详细的事件描写，研究者能够向读者展示研究的真实过程和结果，提高研究的可信度和说服力。同时，这样的描写也有助于读者更好地理解复杂的社会现象和文化问题，提升认知水平。

一段好的事件描写应该是细致入微、生动形象的，能够准确再现事件发生的场景、氛围和人物情感。为此，研究者需要对观察对象进行详尽的记录，包括事件的每一个细节，如时间、地点、人物、对话、动作、环境等，以还原事件的真实面貌。

事件描写往往关注事件的整个发展过程，从起因、经过到结果，展现事件的完整性和连续性。在事件描写中，研究者既要保持客观中立的态度，准确记录事实，又要融入自己的观察和分析，体现主观见解。通过采用主动的语言，事件描写能够再现事件发生时的具体情境，使读者仿佛身临其境，感受事件发生的氛围和情感。

二、事件描写的具体写作步骤

（一）事件的开头

在事件描写的开头，我们可以选择一个具有代表性和研究意义的场景。同时，我们可以在开头交代事件背景，交代具体的时间、地点、参与者、事件的起因等信息。

我们可以对比下面两段文字中的事件开头描写，增进理解：

> 经历了订购之后漫长的等待，棉花娃娃终于被"接回家"，以实体的形式陪伴在玩家左右。棉花娃娃被放置在少女的床边、办公桌前，也出现在少女的生日派对、毕业典礼上。[①]

> 2021 年 8 月，为了抗议歧视女性的职场文化，6 000 多名科技工作者在网上签署了一份请愿书，要求他们的雇主阿里巴巴调查他们认为的职场性犯罪，并实施几项旨在促进更好工作环境的制度和政策改革。[②]

（二）事件的发展

在事件的发展部分，使用清晰的结构和过渡语言，按照时间顺序或者逻辑顺序叙述主要事件的发生过程，或解释事件发生的原因和影响等。挑出最重要的细节，使事件在读者面前展开。在介绍事件发展的同时，辅以研究者视角的解读——说说你认为事情是如何发生的，背后存在哪些原因，以及它对研究对象产生了怎样的影响。

以下面这段文字研究为例，我们可以观察研究者是如何介绍事件发展过程的。

---

① 黄微子，熊月蕾. 赛博母职与少女玩家的"养娃"实践 [J]. 国际新闻界，2023，45（10）：49－68.
② LIU H Y. When nobody listens, go online：the "807" labor movement against workplace sexism in China' tech industry [J]. Gender, work & organization, 2023, 30（1）：312－328.

2019 年,《陈情令》在网上播出。该剧在 6 月 27 日推出第一集,上线两天内播放量就达到了 2 亿次。8 月 14 日大结局播出时,总播放量突破 40 亿。主演该剧的肖战也因饰演男主角魏无羡而大受欢迎。肖战在社交媒体平台微博上的粉丝数量从该剧上映前的不到 700 万增加到 2019 年 8 月 15 日的超过 1 500 万。

…………

肖战的超高人气包含了众多子社区和粉丝层级。"227 事件"的起因是两个子社区之间的冲突,这两个社区分别被称为"唯粉"和"CP 粉"。《陈情令》的超高人气使肖战的粉丝通过两种渠道突然涌入。喜欢肖战本人的观众有可能成为"唯粉",而喜欢两位演员的观众则倾向于加入"CP 粉"子社区。2020 年 2 月,"唯粉"在社交媒体上集体举报了一名"CP 粉"撰写的同人小说作品。这一活动导致国际粉丝创作平台 Archive of Our Own(AO3)于 2020 年 2 月 27 日被封,因此被称为"227 事件"。被剥夺了平台访问权的用户们也因此在后来加入了这场不断发酵的冲突。一些用户模仿自己曾经遭受的举报手段:通过举报肖战和他的"唯粉"来进行报复,而这些"唯粉"的社交媒体账号也被封禁。[①]

(三)研究事件的结尾

通过总结事件或者从事件的某一个具体细节出发,提出研究者的看法,自然引入研究问题。如下面的这则事件总结:

> 对于玩家来说,娃娃的意义正是在不断赋予私人意义的实践中萌生的,无论是穿衣搭配,还是美容装骨,都是玩家与娃娃建立关系的过程。[②]

三、事件写作的具体策略

了解事件写作的步骤、熟悉内容结构之后,我们来讨论事件写作的具体策略,包

---

① WANG E N, GE L. Fan conflicts and state power in China: internalised heteronormativity, censorship sensibilities, and fandom police [J]. Asian studies review, 2022, 47(2): 355 – 373.

② 黄微子,熊月蕾. 赛博母职与少女玩家的"养娃"实践 [J]. 国际新闻界, 2023, 45(10): 49 – 68.

括如何呈现事件背景、穿插访谈材料、穿插场景描写，以及以多种方式呈现事件细节。

（一）添加背景描写

在事件描写中，研究者需要提供必要的背景信息，帮助读者理解场景发生的时间、地点和文化背景，同时展示问题的重要性和研究的必要性。

> 这个论坛的成员，来自全国各地，原本互不相识，却因"车"结缘。虽是"玩车"，但其构成主体并非青少年，而是以 80 后、90 后为主的成年人。在这里，一般意义上的儿童玩具，却是这群成年人爱不释手的物件，甚至成为连接和凝聚他们"在一起"的特殊之物。而当深入到这个群体中，甚至我们中的一个研究者就是这个群体中的一员时，我们常常会被这群人与四驱车的复杂关系和故事所吸引。[①]

（二）善用数据

在事件描写中添加数据，有利于突出事件的重要性和紧迫性，同时辅助构建事件的结构和逻辑，使得事件描写更加生动且具有说服力。

> 如今，直播已经成为中国互联网经济中重要的组成部分。根据第 45 次《中国互联网络发展状况统计报告》，截至 2020 年 3 月，中国网络直播用户规模达到 5.6 亿，占网民整体的 62%。其中，秀场直播用户规模为 2.07 亿，较 2018 年年底增长 4 374 万，占网民整体的 22.9%（CNNIC，2020）。在秀场直播之中，像 Wendy 这样的非职业女性主播又占据了大多数。对此，直播平台陌陌（2019，2020）发布的两次商业数据可以提供部分证据：直播行业中的女性主播占比 78.8%，非职业主播则占比 66.6%。[②]

---

① 孙信茹，王东林. 玩四驱：网络趣缘群体如何以"物"追忆——对一个迷你四驱车 QQ 群的民族志考察 [J]. 新闻与传播研究，2019，26（1）：24－45，126.
② 董晨宇，叶蓁. 做主播：一项关系劳动的数码民族志 [J]. 国际新闻界，2021，43（12）：6－28.

（三）穿插访谈材料

在事件描写中，穿插访谈材料能够直接引入当事人的声音和观点，为事件增添第一手资料，呈现丰富的层次。访谈材料不仅补充了事件的背景信息，而且增强了研究的权威性和说服力，使事件描写更加立体、全面。尤其是受访者的一些重要叙述、对话，可以逐字引用，让读者能够更容易代入研究者的视角，理解研究观点，听懂并认同研究者所讲述的故事。

> Hana 在 2019 年与朋友合伙创立了一个时尚品牌，负责设计、文案、宣传等方面的工作。为了建设新的品牌，她不得不加入小红书以接近更多的消费者："以前做时尚博主要面向中产，现在做淘宝就什么人都要接触。做小红书对于我们的淘宝店更有利，我必须得学会。"然而，"学会"小红书并不像她想象中那般容易。她很快就发现，自己专门为小红书编辑的内容无法被平台赏识并获得额外曝光，大多数内容的点赞无法过百，让她充满了焦虑："我意识到我不能跟自己过不去，我就不是做小红书的料，我适应不了它，我需要专业的帮助。"①

（四）多用形容词与副词

在讲述事件过程中，着重描写部分细节，有助于事件更加真实生动，更好地体现研究观点。例如，通过具体细节描写人物的动作和互动，可以突出他们的行为和角色。

在描写细节的时候，可经常使用形容词和副词。比如，使用颜色、形状、大小的细节来描述视觉形象；使用声音、音色、响度和音量的细节塑造听觉形象；描写气味或者香气的细节制造出嗅觉形象；描绘手势、动作、姿势和面部表情的细节传递运动形象；描述穿着、外貌来传递人物形象。

需要注意的是，要避免使用带有评价性的形容词和动词。此外，标签应当仅用于总结概括，不能用标签来取代具体的描写。

> 照片是我在 2017 年 W 公司和中国某顶级婚恋网站联合举办的相亲活

---

① 刘亭亭，许德娅．作为时尚文化基础设施的小红书与时尚观念的重塑：基于三类时尚博主的田野研究[J]．国际新闻界，2023，45（6）：59－80.

动中拍摄的。据培训师扎克介绍，这些单身汉以前大多是害羞的书呆子IT工作者，不知道如何吸引女孩。然而，那天下午我看到的是一群自信而得体的年轻人，他们穿着合身的衬衫、修身裤和皮鞋；他们要么不穿袜子，要么穿时髦的袜子，给脚踝增加一点颜色。这些单身汉可能不是中国穿着最先进的，但绝对高于平均水平。在他们流利的自我介绍中，许多男性透露他们经常去健身房、学习公开演讲等。那个穿黑衣的人笔直地站着，袖子卷到肘部以上，随意地露出他光滑、肌肉发达的手臂。一些人甚至在互动环节展示了他们对拉丁舞动作的了解。[1]

（五）多用动词

通过动作来描写场景和事件，可以精确表达行为过程，塑造人物形象，使叙事更加生动而引人入胜，让读者感到研究更加真实可信。

> 研究者目睹了S张贴关羽像的过程。他先是将驾驶侧的车门擦干净，随后和一位女士架着梯子细心地将一个关羽像贴上去，但整体效果不佳，有些褶皱。S认为："让关老爷保佑，像都没有贴好，怎么保佑？"随后将原先的关羽像撕下来，清理干净车门，重新贴了一张。贴好之后S摆上一些供品，上了三炷香拜了几拜，将香插在事先准备的香炉里，最后离开。"每年家里都要拜祖先、拜关帝、拜灶王爷的，参加葬礼的时候也是这套仪式，但要复杂一些。"这并非S第一次贴，只是原先的脏了，S需要换一张新的。[2]

（六）注重情绪描写

描述场景中人物的情感反应，能够让读者感受到场景的氛围和情感张力。通过描述人的情绪反应，而非试图记录其动机，能尽力避免研究者个人投射的影响，使研究更加客观中立。

---

[1] LIU H. Aspirational taste regime: masculinities and consumption in pick-up artist training in China [J]. Journal of consumer culture, 2023, 23（1）: 85 – 103.

[2] 王炎龙，王石磊. 流动"做家"：卡车司机筑家实践中的物质、情感与权力 [J]. 国际新闻界，2024，46（5）: 109 – 132.

也正因为如此，当这个论坛宣布关闭时，玩家们的情感瞬间倾泻而出："四驱车万岁!""我觉得我已经成功地给童年一个交代了，这不是就很好了吗?""除了我们这些老家伙和部分老家伙的下一代，还有多少人玩?"当然，论坛里的人也"各怀心事"，谈及言论也不尽相似，有谈论代际差异的，有表达对社会世相态度的，还有涉及身份认同的，但大部分人都指向了情怀、记忆等问题。而几乎无一例外的，大家都把这次论坛的关闭视作 2017 年四驱车界大事件。[①]

（七）用图片辅助呈现

在场景描写中，一种非常直观的表达手法就是插入图片，包括在田野调查中拍摄的照片、手机和电脑截屏等。

【案例 6-9】流动的媒介化生存：平台劳动中的移动交互界面——基于"送外卖"的田野调查[②]

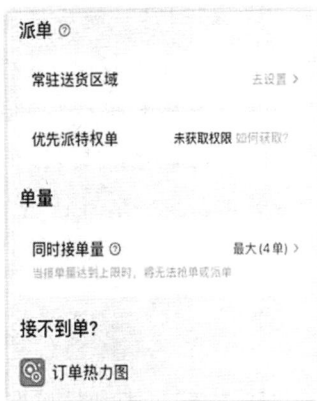

图 6-1　外卖平台在骑手移动交互界面中提供"常驻"区域的相关设置

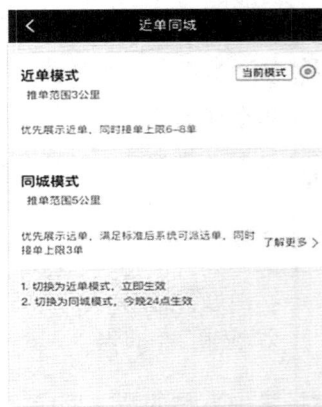

图 6-2　外卖平台为骑手提供的两种同城工作模式

① 孙信茹，王东林. 玩四驱：网络趣缘群体如何以"物"追忆：对一个迷你四驱车QQ群的民族志考察［J］. 新闻与传播研究，2019，26（1）：24-45，126.
② 束开荣. 流动的媒介化生存：平台劳动中的移动交互界面——基于"送外卖"的田野调查［J］. 新闻记者，2022（2）：58-70.

图 6 - 3　2020 年 6 月 27 日 11：08
上海市静安区附近的订单分布

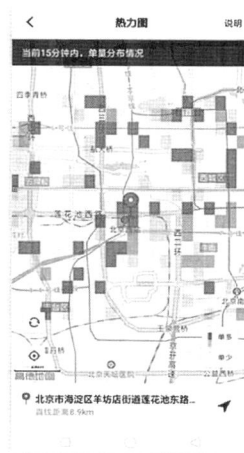

图 6 - 4　2020 年 5 月 9 日 11：49
北京市海淀区附近的订单分布

【案例 6 - 10】《渴望的品位制度：中国的 PUA 培训中的男性气质和消费主义》①（Aspirational taste regime：masculinities and consumption in pick-up artist training in China）

图 6 - 5　2017 年在 W 公司接受
培训的男性学员（本文作者拍摄）

图 6 - 6　2017 年，两名单身男性教一
名女性跳拉丁舞（本文作者拍摄）

---

①　LIU H. Aspirational taste regime：masculinities and consumption in pick-up artist training in China［J］. Journal of consumer culture，2023，23（1）：85 - 103.

（八）从全景到特写

借鉴电影导演工作的思路，我们可以给一个更广阔的视野，然后聚焦在一个细节上。这种方式能够为读者构建出事件发生的具体环境和氛围，也是展现人物关系、推动情节发展的重要手段。好的场景描写能够将人物置于特定的情境中，通过他们的行为和互动，可以进一步揭示研究的深层次意义。

> 当两位《魔兽争霸3》的竞争者最终上台时，粉丝们欣喜若狂，所有人都认为这场比赛没有让人失望。我看着我的两个朋友——小美和慧沐浴在屏幕的蓝绿光中，他们的脸上定格着兴奋和敬畏的表情，两人看起来像是新一代中国宣传海报上的劳模形象，但他们这一代的模范消费者与之不同：年轻、雄心勃勃、精通技术，……这些国际电子竞技比赛中的大量观众也创造了中国数字流行文化和观众商品的强大而净化的形象。[①]

四、事件描写的原则

在运用各种技巧对事件进行描述的同时，我们还应当遵循一些原则，主要有以下几点。

（一）客观中立

尽量以客观、中立的立场描述事件，避免主观臆断或偏见。所有观点和结论都应基于事实和数据，而非个人情感或偏好。

在描写人物的时候，尤其应当注意避免个人偏见。当所有的描写都体现出隶属于群体或者某种身份的细节时，研究者就要抵抗那种自然而然地根据自己的背景知识而将某人归入某一类别的冲动，因为仅仅避免带有评价性的词语还是不够的。在描写的过程中，作者的口吻不可避免地表现出他个人对笔下人物的态度。研究者的自我优越感，或者将他人客观化的态度（认为被研究者是反常的或者外来的，来自较低的阶层或者较不文明的文化），往往在一些微妙的地方显现出来，如语气、口

---

① SZABLEWICZ M. A realm of mere representation? "Live" e-sports spectacles and the crafting of China's digital gaming image [J]. Games and culture, 2016, 11 (3): 256-274.

误、措辞选择、含蓄的比较。

（二）选取与主题相关的素材

事件描写应与论文的主题和论点紧密相关，起到支持或说明论文主要观点的作用。同时，选择能够突出主题、增强论证力度的事件进行重点描写，避免无关紧要的细节。

在引用他人观点或数据时，应遵循学术界的引用规范。同时，对引用的内容进行清晰的标注，以便读者查阅和验证。

（三）真实准确，简洁生动

研究中的事件描写应基于真实发生的情况，所有细节和数据都需经过核实，确保无误。在描述事件时，使用准确、具体的语言，避免模糊或含糊不清的表述，以减少误解。

为明确交代事件信息，事件描写应有清晰的结构，包括事件的起因、发展、高潮和结果等关键要素。各个部分之间应逻辑严密、衔接自然，形成一条完整、连贯的故事线。

在真实准确的基础上，用简洁明了的语言描述事件，避免冗长和烦琐的表述。同时，可以适当运用形象生动的语言和修辞手法，使事件描写更加吸引人。

（四）批判性思维与深度分析

在描写事件时，应具备批判性思维，对事件进行深入剖析和反思。并且，学术写作不仅要描述事件的表面现象，而且要揭示其背后的原因、影响和意义，以增强论文的深度和广度。

第三节　身临其境：质性写作中的场景构建

在之前的内容中，我们已经学习了人物和事件的写作，最后我们要讲的是如何描写场景。在学术写作中，场景的描写不像人物和事件那样常见。一篇论文中往往只出现一个场景，甚至只用一句话带过，但能起到画龙点睛的效果。场景描写往往出现在论文开头，给读者留下深刻的印象，并快速将读者带到论文的语境中。

一、何为场景描写

场景描写的基本构成是动作、对话、状态和环境。场景描写如同舞台上的表演，具有戏剧化展示的成分，以富有画面感的方式呈现出事件随时间的发展。

例如，在《中国女工：新兴打工者主体的形成》一书中，作者潘毅记录了她于1995—1996年在深圳一家工厂的田野经验，讲述了女工在工厂的痛苦经历以及她们的抗争。书中第166页有这样两处具有代表性的场景描写——一个像戏剧的一幕、一个像舞台的布景。

> 一声尖叫刺破了黎明前的黑暗。它又来了，就像往常一样，在凌晨四点钟的时候。阿英又做了同一个噩梦，并再一次尖叫起来。我被那鬼魅一般的尖叫声惊醒，可它却已经消失了，夜再一次沉入无边无际的静寂之中。
>
> …………
>
> 阿英每天深夜发出的尖叫声引起了同屋女工们的不满，不满者的搬出使我得以搬入与阿英同住。8个人挤在一间不足10平方米的小房间里，住着4张上下两层的铁架床。简言之，这是深圳经济特区工厂宿舍的一般情形。①

场景描写具有真切、生动、引人入胜的特点。好的场景描写借鉴了电影的拍摄技巧，以远景、全景、近景的顺序依次呈现，先展示全貌，再聚焦到细节。

例如，魏明毅《静寂工人：码头的日与夜》一书讲述了台湾基隆港衰落以后码头工人的生存困境，展示了该群体"男子气概"的失落，以及社会关系网络和情感纽带的断裂。全书开头使用了典型的"电影开场"手法，从远景到近景。

---

① 潘毅. 中国女工：新兴打工者主体的形成 [M]. 任焰，译. 北京：九州出版社，2011：166.

在这两家摊子的斜后方缓坡上，有一排排正对西岸码头的百户低矮屋舍，其中一间紧挨着主要通道的水泥平房，屋内此时已点亮了灯。靠街道的那扇小窗，正传出收音机里女性播音员与打电话进电台的男性听众对唱一首老歌的声音。那是西二十六号码头外另一位小贩清水嫂和她70多岁的丈夫林清水住的地方，也是我跑田野期间的家。①

在《香港重庆大厦：世界中心的边缘地带》一书中，麦高登（Gordon Mathews）通过讲述重庆大厦居民的故事，阐释了"低端全球化"现象，即人与物在资本投入低和非正式经济情形下的跨国流动。在全书开头，作者通过一个类似于第一人称镜头的场景，凸显出重庆大厦的特别之处。

重庆大厦位于弥敦道的黄金地段，某著名旅游书籍称它"拥有从游客兜里吸金的能力"。如果你从马路对面望过去，会见到令人眼花缭乱的楼群，底层各色各样的商铺，包括假日酒店、电器铺、商场门面、时装店、牛排店，还有一些酒吧。尤其当你夜晚来欣赏著名的弥敦道霓虹灯美景时，就跟香港明信片相差无几了。然而，耀眼夺目的高楼中有一栋朴素，甚至可以说是杂乱和腐朽的楼宇：尽管它的底层商场似乎已经脱离大厦本身，与其他艳丽的商场无异，但入口开在外面。在这些底层商场之间有一个不可言喻的黑暗入口，乍眼看上去好像另属别处，你跨过马路走近这个入口，看见那附近站了许多跟一般香港人不一样的人，他们也不像是弥敦道的购物者。②

最极致的场景描写是通过人物对话展现的。根据罗曼·雅各布森（Roman Jakobson）的叙事理论，文字过程等同于实际说话过程，因为语言本身就是一种交流行为。以一种相似甚至完全相同的呈现方式，重复时间或场景，可以使读者感到仿佛身处现场，听见了这段对话。再来看《静寂工人：码头的日与夜》中的对话描写：

① 魏明毅. 静寂工人：码头的日与夜［M］. 上海：上海人民出版社，2022：7-8.
② 麦高登. 香港重庆大厦：世界中心的边缘地带［M］. 杨玚，译. 上海：华东师范大学出版社，2015：3-4.

李正德的对讲机总固定在某个频道，他说："这里比较不会讲一些有的没的。"他的车队同事也几乎都在这个频道上。大部分的时间，李正德只是让对讲机开着，实际按发话键说话的时候并不多，他总是听着。偶尔，他会被几个人的对话内容给逗笑了。对讲机里头的对话多半是路况播报、工作话题或相互揶揄。

某人说："后面要跟上的，快一点喔，还来得及，还有23秒（变红灯）。"

另一人说："还很久啦，急什么，来得及，慢慢开，才开得久。"

某人说："要小心一点，16公里（处）有一台白色小乌龟，昨晚喝太多了，还在茫。"

另一人说："阿雄，那个可能是你兄弟喔，去打个招呼，叫他早早回家睡。"

某人说："实在是喔！那个新来的，我昨天被拖到快七八点。"

另一人说："现在换现场，这样好啊，码头马上又多了一个院长（招人怨的'怨长'）。"①

二、场景描写的作用

场景描写发挥着交代研究背景的作用。例如在《做主播：一项关系劳动的数码民族志》中，作者通过场景描写介绍了主播和场控的生活状态和工作日常，刻画了直播者如何在直播平台内外与用户协商经济和亲密关系。通过详细描写主播开播的真实场景，作者让不了解这一行业的读者进入直播的世界。这样的场景描写为读者交代了具体、可感知的研究背景，同时展现了作者的研究方法，增强了研究的可信度和深度，为下文进入关系劳动和平台化的主题做铺垫。

晚上九点半，Wendy在结束了一天工作后回到家，顾不上吃饭，便开始化妆、调试声卡、打光，并在粉丝群中预告即将开播的消息。在接下来的三个小时里，她会坐在一把蓝色的游戏椅上，面对手机镜头，和直播间

---

① 魏明毅.静寂工人：码头的日与夜［M］.上海：上海人民出版社，2022：15.

中的观众聊天、唱歌，并与其他主播进行 PK。作为 Wendy 的直播间场控，我在收到开播消息后准时上线。

通常情况下，场控并不是一项有酬劳的工作，而更多是一种作为粉丝地位的象征。这意味着我在直播间拥有独特的权力和义务：一方面，我在公屏上发言时，用户名前会出现一个红色的"管"字。我可以花费 0.1 元的价格，采用飘屏的方式发言，也可以将直播间中出言不逊的人禁言（虽然我很少这样做）。另一方面，我需要保持直播间中的高出勤率，要在主播 PK 时送一些礼物，同时，如果其他用户赠送了价值不菲的礼物，我也要将"感谢 XX"及时打在公屏上。对于一位在象牙塔中教书的传播学者，不得不承认，这的确是一件枯燥，甚至最初有些令我难堪的"工作"，不过，这可能也是我深入接触主播和观众最恰当的位置。[①]

场景描写还能高度凝结冲突。例如在《全球"猎身"：世界信息产业和印度的技术劳工》中，作者考察了印度信息技术产业中的劳动力体系，特别是被称为"猎身"的全球化劳动力调配系统。下面这段场景描写体现了印度 IT 劳工工作的高度脆弱。

阿杜鲁（Gangadharam Atturu），一位年轻的 IT 人士，是我在吉隆坡至海得拉巴的客机上认识的一个印度泰卢固人。他告诉我在 2001 年初，当他在旧金山工作的时候，每周一和周五的早上他都要先做印度教的礼拜（puja）再上班——因为 IT 公司通常在那两天宣布裁员。然而礼拜并不能够完全消解他的紧张：那些个早晨，每当他靠近办公桌的时候他就浑身紧张，因为他随时有可能在桌上看到"回家"的字条，或者在打开电脑的顷刻间看见解除工作关系的邮件。老资格的雇员在被解雇前通常会被叫去跟经理谈话。经理会向他们解释公司"理性化""精简机构"和"部门重组"的需要，"解雇"和"炒鱿鱼"被认为是上不了台面的说法。[②]

---

① 董晨宇，叶蓁. 做主播：一项关系劳动的数码民族志 [J]. 国际新闻界，2021，43（12）：7.
② 项飙. 全球"猎身"：世界信息产业和印度的技术劳工 [M]. 北京：北京大学出版社. 2012：26.

同样在这项研究里，作者通过另一个场景描写，把人物放置在研究脉络中，凸显了研究主题，即印度"劳力行"的特殊性。

> 与他们在海外的同行相比，印度的"劳力行"老板们与其所接触的工人之间的关系更深更紧密。正如一位老板对这种区别所做的概括，海外"劳力行"是"功能型"的，而印度的"劳力行"则是"情感型"的。在递交签证申请之后，等待被批准的几个月间，焦虑的工人常常会来到"劳力行"。在海得拉巴，长期失业的IT工人们常常聚集在阿米陪特的各家"劳力行"里，互通信息、聊天"侃大山"打发白天的时间。这种关系是印度"劳力行"扩大国际业务的一个重要基础。塞义德（Syed）是一名穆斯林，他经营着一家名为禅科技（Zentech）的"劳力行"，他已经把二十多位工人送往海外，和他们基本上都保持经常性的联系，也有一些工人在国外丢了工作又回过头来向他求助的。[①]

三、物理场景的描写

场景描写应当简洁明了。研究者不必详尽无遗地交代所有的细节，而应当仔细挑选那些最能勾起读者反应的细节，来激活读者大脑中已有的感知。场景中的任何细节都应该有其意义。换言之，研究者应该遵循契科夫法则：如果没人想开枪，就千万别把荷弹步枪放在舞台上。

按照空间的不同，场景可分为物理场景和数字场景。网吧、第四世界、代购现场这样的场景属于物理场景，而游戏、直播等线上平台属于数字场景。下面我们分别讨论两类场景的写法。

描述物理场景的重点在于使用远景与近景创造空间感。例如在描述一个房间时，可以先介绍空间布局，再描述能揭示房间主人生活的物品，或格格不入的细节。而在描述城市等较大的空间时，我们还可以借助交通工具的移动，展现出层次分明的场景。同时，将个人经验融入空间描写也能更好地渲染情绪。

物理场景描写中容易出现的问题，就是将叙事空间描述得模糊而缺乏特征。

---

① 项飙. 全球"猎身"：世界信息产业和印度的技术劳工［M］. 北京：北京大学出版社. 2012：73.

例如，当描述一场洪灾袭击村庄、造成人员伤亡的时候，对村庄的地理环境、河道和洪水的走向等信息叙述不清。这样的场景描写就难以让读者感到身临其境。

下面我们来分析几个优秀的物理场景描写。以《黑白世界：一个城中村的互联网实践——社会资源分配与草根社会的传播生态》一文为例。该研究主要聚焦于城中村"黑网吧"，其中的"黑白世界"不仅仅暗示网吧是否正规合法，同时也隐喻流动人口内部的阶层分化问题。在场景描述部分，文中借助一辆出租车从深圳中心商务区驶入城中村的过程，先是展示深圳繁华的主干道、现代化的高楼大厦，而后画面一转，进入了密集的建筑群和曲折的道路。这样的描写方式勾勒出城中村的具体空间布局，富有空间感。同时，出租车司机的个体经历进一步加强了空间的真实感。

> 一辆红色的出租车驶过造型如大鹏展翅的巨大蓝色屋顶，屋顶下的建筑主体是象征深圳（又名鹏城）"开放政府"理念的气势宏大的"市民中心"，沿着开阔平坦的大道，一路经过有着著名的一凤一凰阴阳交汇标志的"中国凤凰大厦"和总建筑面积达28万平方米、由钢结构和玻璃穹顶及幕墙组成的如水晶宫般豪华的"国际会展中心"，驶入了道路两旁林立着商品住宅、酒家食府和超市购物中心的另一条繁华的主干道。不久，出租车停在了一个社区的车辆出入闸口，车上身穿土黄色工作服的出租车司机文生刷卡进入了另一个世界。
>
> 这是一个与文生刚刚开车经过的深圳中心商务区迥然不同的世界。几百年前它是个渔村，如今是一个流动人口占绝大多数的"城中村"。虽然该村早在20世纪90年代初就经过了股份制改造，摇身变成了公司，但现实的地名仍维持原来的村名，我们将它称为"鹏城村"。一进村，文生的视线立刻被高度密集且不规则的大片建筑群包围。这些建筑其实并不老旧，它们大多建于20世纪90年代末，通常有7层楼，但密度之高令这些特殊的建筑有了"握手楼"的别名。①

物理场景的描写还应当体现出清晰的在地感。再现特定时间和地点的独特属性，

---

① 丁未. 黑白世界：一个城中村的互联网实践——社会资源分配与草根社会的传播生态［J］. 开放时代，2009（3）：135.

能够让场景中的人物和地点显得更加真实可信。

在《指尖上的艺术：美甲业中的种族、性别与身体》（*The managed hand：race，gender，and the body in beauty service work*）中，作者观察了纽约市韩裔女性经营的美甲沙龙中的美甲活动。有观点认为，此类美容服务机构属于妇女之间建立的社区空间，但该文研究发现，虽然美甲桌上可能会出现脆弱的团结，但这种"团结"通常会让位于种族、阶级和移民等冲突。

为佐证研究观点，作者通过下面这段场景展示了韩裔美甲店老板金妮·春在店铺门口和美国青少年之间的冲突。闷热的夏季、没有空调的美甲店、门口聚集的青年等元素使读者仿佛身处现场，鲜明地体现了金妮·春作为移民在社区中所面临的歧视。

> 金妮·春（Goldie Chun）是艺术美甲店（Artistic Nails）的老板，她靠在前门上，喝着一瓶 Snapple 饮料，用一本已经翻旧的 *Essence* 杂志给自己扇风。由于夏季的高温让她那间没有空调的沙龙显得异常闷热，生意非常冷清。沙龙的门开着，一群穿着露脐上衣和低腰牛仔裤的少女聚集在门前，她们在说笑，有的在抽烟，有的在打手机。金妮向她们喊道："你们要做美甲吗？"女孩们互相商量了一下，然后对她摇了摇头。金妮回应道："那你们离我的店远点，抽烟太多了，还那么吵！"其中一个女孩带着重重的口音模仿金妮说话："你抽烟太多了，还那么吵！"她们互相看了看，笑了起来，其中一人还向金妮的方向弹了一个烟头。金妮大喊："你们不走我就叫保安了！"她们不满地走开了。当我问金妮她每天会遇到多少次这样的情况时，她说："每天！一天十次！"[①]

在选择场景时，研究者应描述环境中最为有力、最能展现研究主题的核心场景。例如，在《崇高力量：伦理、儒家思想与中国心理自助》（Virtuous power：ethics，confucianism，and psychological self-help in China）中作者探讨了一种名为"第三力量"的心理自助类型。在社会经济快速发展和市场竞争所带来的压力之下，这类心理自助试图利用儒家伦理来应对社会、道德和心理的困扰。作者在文

---

① KANG M. The managed hand：race，gender，and the body in beauty service work ［M］. Oakland，CA：University of California Press，2010：197.

中批判了"第三力量"培训的商业化倾向和功利性质，并通过具体描述"第三力量"的开场活动，即培训师指导学员画"8"的场景，论证了研究观点——虽然"第三力量"名义上是积极的心理自助，但是这种强调成功的导向会忽视真正的心理健康问题。

实际上，尽管第三力量培训表明其目的是缓解第三状态心理困扰的蔓延，但在实践中，它更强调成功而非健康。在 2010 年一次研讨会的开场练习中，培训师是一位心理学大师，并出版了介绍如何利用古代智慧管理财富的书籍。他要求所有人（超过 150 名学员）站起来，用我们的手臂和身体尽可能大幅度地"画"出数字"8"。然后，培训师邀请我们想象我们的身体潜能，以及这个"8"所象征的潜能和富足。"8"在中国文化中是一个象征财富和快速增长的吉利的数字。这项练习体现了研讨会的主题：通过儒家传统实现富足和成功（这与卡内基通过市场逻辑追求成功的研究形成对比）。为了获得财富和成功，这位导师要求参与者运用"生活心理学"，这种方法将生活视为改善心理以在社会中茁壮成长的源泉。由此，自助得以在日常生活中实施。[①]

又比如，在《"父母的暖心小棉袄"：重新定义中国东北农村性别化孝道实践》（"Little quilted vests to warm parents' hearts"：redefining the gendered practice of filial piety in rural North-eastern China）一文中，作者探讨了中国东北农村地区孝道实践的性别转变。作者指出，传统中国社会的孝道主要由儿子承担，女儿则处于从属地位；然而在东北农村中，女儿在孝道中扮演了越来越重要的角色，并且不同于以往的孝道标准，父母不仅希望得到物质支持，而且渴望与女儿的情感互动。文中，作者描述了一个体现孝道的典型场景，即张小华看望父母的经过。通过描述带来冰棍解暑、与父母分享工作中的趣事、帮忙洗大件衣物等细节，作者指出张小华与父母之间的交流不仅是物质上的支持，更包含情感的互动和关怀。这样的场景描述支持了论文的核心观点。

---

① YANG J. Virtuous power: ethics, confucianism, and psychological self-help in China [J]. Critique of anthropology, 2017, 37（2）: 184.

女儿们表达亲密关爱的例子可以通过张小华看望父母的经过来说明。2007 年夏天的一个炎热的日子里，我正在对一对七十多岁的老夫妻进行访谈，他们的小女儿小华在服装厂下班后来看望他们。在这个高温天气，小华为父母带来了解暑的冰棍。他们愉快地交谈起来。小华给父母讲述了工厂里发生的趣事。他们交换意见，笑成一团。小华离开时带走了母亲的被套，准备拿回家洗，因为母亲手洗大件衣物会很吃力。小华离开后，老夫妻满意地评论道："女儿果然是贴心的。"①

通过以上案例分析，我们可以总结出对物理场景描写的建议：

（1）选择直接表达主题的典型场景、核心场景，一个好的场景可以带出一篇文章甚至一部书。

（2）列出一些与场景相关的图景，如人物类别、物品种类、活动、颜色、气味、味道。

（3）列出几个对场景而言很重要的地名。思考这些名称如何揭示权力关系？通过它们，你能感知到哪些文化价值？

四、数字场景的描写

在针对电子游戏、社交媒体和其他网络平台的研究中，对于数字场景的描写侧重点又与物理场景的描写有所不同，主要体现在三个方面。

首先，通过直接描写研究的数字空间的独特性，研究者交代了研究的背景，让读者了解平台的氛围、熟悉平台规则，为后续论述做铺垫。

《星露谷物语》是一个乡村模拟经营游戏，玩家化身为农民，在游戏中进行种田、养殖、钓鱼等活动。在《虚拟化"美好生活"：在电脑游戏中重构农业主义与田园乡村叙事》（Virtualizing the 'good life'：reworking narratives of agrarianism and the rural idyll in a computer game）一文中，作者将这种远程的虚拟田园体验称为"书桌田园生活"（desk chair countryside），指的是玩家在电脑桌前透过电脑屏幕体验乡村

---

① SHI L. "Little quilted vests to warm parents' hearts"：redefining the gendered practice of filial piety in rural North-eastern China ［J］. The China quarterly, 2009（198）：354.

生活。在游戏中，玩家对乡村的体验具有高度的选择性，是游戏制作者经过编辑、制作、挑选而成的。

作者在文中选取了《星露谷物语》的开场动画进行描述（见图 6-7）。这段场景描写介绍了游戏设定，以及游戏开场的主要情节——玩家化身的角色在爷爷的邀请下，放弃城市大厂工作，回到星露谷种田。从沉闷单调的 Joja 公司办公室工作过渡到继承爷爷的农场，意味着玩家的化身从乏味而无意义的工作生活转向与自然亲密接触的田园生活。

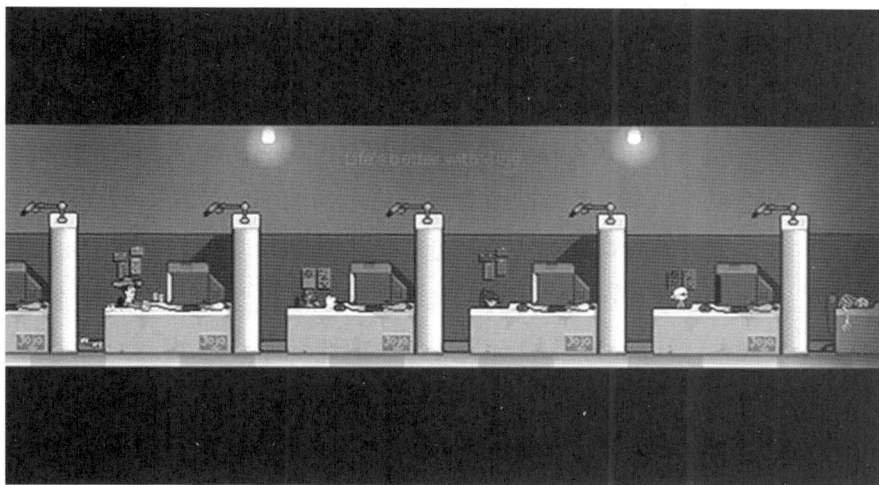

图 6-7 《星露谷物语》开场动画截图

随着这个阴郁的开场，画面渐渐淡去，屏幕中央出现"××年后"的字样。接着镜头切换到 Joja 公司的办公室，那里有许多相同的隔间，监督员透过玻璃窗监视；"工作"按钮发着绿色的光。视角沿着一排办公桌移动——经过一张有骷髅的桌子，另一张有"已解雇"标志的桌子，最后停留在露西（我的化身）所在的桌子上。办公室的空间是灰色的，高高的隔板将办公室职员隔开，墙上讽刺地写着"生活因 Joja 更美好"的口号。显然，现在该打开爷爷寄来的信了，信封就在办公桌抽屉里。信上写着："亲爱的孙女：如果你在读这封信，你一定身处困境期待转机。很久以前，我也遇到过相同的情况。当时的我对人生中最重要的东西视而不见……那就是人与人之间的联系以及人与自然之间的关系。所以我放弃了一切搬到了真正属于我的地方。我随信附上了那块地的契约……那里给我带来了骄傲和欢乐。它位于星露谷的南海岸，是开始新生活的完美的地点。这是我最珍贵的礼物，现在它是你的了。亲爱的，我知道你一定会为家族带来荣耀。祝你好运。"①

其次，数字场景描写还可凸显该场景独特的可供性，说明它可以让用户做些什么，并揭示用户行为背后的社会文化意义。这样的场景描写不仅能够帮助读者理解发生在数字场景内的行为，而且能将其与现实社会结构联系起来，从而深化对数字环境的理解，增强研究的分析深度和说服力。

在《数字区隔：中国〈动物森友会〉热潮中的阶级作为媒介化倾向》（Digital distinction：class as mediated dispositions in China's animal crossing fever）中，作者描述了《动物森友会》玩家如何通过精心设计和布置自己的岛屿来展示自己的品位和文化资本，并指出这种展示不仅在游戏内有效，还延伸到他们的社交网络中，增强了他们的文化资本。为说明研究观点，作者没有展示岛屿本身，而是重点刻画了玩家精心布置自己岛屿的场景。在这段描写中，数字场景不仅是一个单纯的游戏设计场景，更是一个反映现实社会结构和文化资本的象征性行为。

访谈对象表达了对邀请他人访问岛屿的焦虑。例如，一些人抱怨说，访客会对他们的品位做出负面评价，或者称他们的岛屿"凌乱""不精致"，从而隐晦地批评他们。受访的玩家们一致认为，一座"整洁的岛屿"应具备合理划分的区域，有便于通行的道路，以及没有太多"垃圾"（不符合预期审美效果的物品）或杂草。数字品味"将体现在身体物理秩序中的差异提升到象征性显著区分的层次"（布尔迪厄，1984），优先考虑整洁。研究访谈对象之一为29岁的女性，在一家IT公司担任初级经理，她表示她甚至阅读了城市规划书籍，以便在设计她的岛屿时不落后于他人，以避免受到负面评价或排斥。在这里，数字岛屿可以被视为玩家身体的象征性延伸，进而可被视为个人社会地位的标志性代表。它们是数字化的社

---

① SUTHERLAND L A. Virtualizing the 'good life'：reworking narratives of agrarianism and the rural idyll in a computer game［M］//Social innovation and sustainability transition. Cham：Springer Nature Switzerland，2022：224.

会领域，调节着人们的价值观，并鼓励人们发展可以增加其文化资本的知识。①

最后，在描写数字场景时，应当抓住用户的独特话语。福柯的话语理论强调了话语在构建社会现实中的作用。在数字场景中，话语在个体和群体的身份认同形成中扮演着关键角色。个体和群体通过话语表达自己的身份，但这种表达同时也受到社会话语的影响。

例如在《赛博母职与少女玩家的"养娃"实践》一文中，作者考察了棉花娃娃玩家群体近年来形成的"赛博母职"实践。作者指出，媒介技术、社会结构与少女的能动性共同塑造了以手作实践和视觉操弄为核心的"赛博育儿"实践，与社会中的母职制度回响，同时也在消解母职的神圣性。为论证研究观点，作者描写了"娃圈"娃妈晒娃以及互相赞美的数字场景，并抓住"会养"这一特殊话语，论证研究观点。

在当今以视觉为中心的媒介体验中，通过照片来玩耍（photoplay）既是成年玩家通过数字技术发挥创意的一种玩乐方式，也是个人化叙事和自我呈现的一种方式。"娃圈"中，玩家之间对彼此常用的溢美之词是："妈咪超会养！"这里的"会养"指的是玩家把娃娃打理得漂亮可爱并拍出了活泼生动的"娃片"。因此，视觉呈现仍是"赛博育儿"的另一关键面向。通过"娃片"，娃娃成为"跨越次元"的中介。外出旅行时带上娃娃拍照在"娃圈"中司空见惯。在玩家们的手机相册中，娃娃代替玩家们在咖啡馆、景点、演唱会打卡自拍，留下回忆的印记。②

通过以上案例分析，我们可以总结出对数字场景描写的建议：

（1）借助场景描写，向读者交代数字空间的功能、互动规则、环境氛围等信息。

（2）凸显数字场景独特的可供性，介绍用户在数字场景当中的活动，并将其与现实社会结构联系起来。

（3）抓住研究对象的独特话语，说明研究对象如何在数字场景中使用话语构建

① RAO Y, XIE J. Digital distinction: class as mediated dispositions in China's animal crossing fever [J]. Chinese journal of communication, 2023, 17 (2): 226–243.
② 黄微子，熊月蕾. 赛博母职与少女玩家的"养娃"实践 [J]. 国际新闻界, 2023, 45 (10): 49–68.

现实。

复习思考题

　　基于第四章的访谈练习，对所选的人物、关键事件和场景进行描写，将素材整理成一篇简单的人物小传或事件记录。

结　语

在社会科学研究中，由于研究对象的异质性和研究方法的综合性，学界长期以来存在对研究方法选择和具体研究方式之间的探索与争鸣。其中，量化研究和质性研究这两种传统的研究方法，由于具有特征鲜明的操作和实践过程，以及差异明显的价值取向、信仰和规范，被研究者视为两种截然不同的研究文化。正是由于两者之间的交流和理解存在困难，社会科学领域中倾向于不同研究方法的学者之间很容易产生误解。针对定性分析与定量分析之间的争议，特罗（Trow）曾在 20 世纪 50年代指出，没有任何一种研究方法应该成为对社会现象进行推论的主宰，当时占主导地位的定量研究在发挥自己长处的同时，也应该吸收别的方法的长处。① 20 世纪80 年代，以美国为代表的西方发达国家再次展开了关于社会科学与自然科学优劣，质性研究与量化研究的研究范式、研究方法的派别争论。近年来，随着我国社会科学学科建设水平的提升和学术研究领域的繁荣，陈向明、风笑天、沃野等国内学者就质性研究与量化研究之间的关系进行了详细的介绍。② 然而，在国内社会科学研究实践中，仍然存在有关两种研究方式的理论观点的争论或混淆。

在我看来，当代社会科学研究中，质性研究与量化研究并不是一种取代另一种的关系，而是相辅相成、优势互补的。尽管，量化研究具有其自身的优势和价值，但是，质性研究的独特魅力亦不可忽视。质性研究的本质是一种实地研究方法，它采用参与式观察、深度访谈等方式，依据语言文字描述进行理论建构，进而达到深入挖掘剖析、解读社会现象的逻辑过程。质性研究的核心目的是在个别案例下找出对结果的解释，因为它们都包含在基于调查基础得出的理论范围内。这种研究方法的独特之处在于，它允许研究者与研究对象建立密切的联系，倾听他们的声音，深入探讨他们的经验，从而获取更全面的信息。质性研究学者以样本和结果为起点，深入地追溯、探索和理解其原因，采用"效应的原因路径"解释了母本中关乎人类行为、经验和观点的大多案例。③ 这种研究方法通过深入的访谈、观察和文本分析，可以更好地探索复杂的现象，并从受访者的角度深入了解他们的想法和情感，解释复杂问题的内在机制，最终为社会科学研究提供更丰富、更有深度的资料。此外，质性研究在一定程度上消解了量化研究中的局限性，即量化研究只能呈现出统计数据和趋势，而难以揭示社会现象的深层次原因和人

① 陈向明. 质的研究方法与社会科学研究［M］. 北京：教育科学出版社，2000.
② 陈雯. 对垒抑或统一：社会科学研究中质与量的方法选择［J］. 调研世界，2009（8）：44 – 46.
③ 马洪尼，格尔茨，阙天舒. 两种文化的故事：社会科学中的量化与质性研究［J］. 比较政治学前沿，2014（2）：166 – 194.

数字时代的质性研究方法

类行为的复杂性。

　　社会科学研究者对于质性研究与量化研究的争议一直存在，数字时代下质性研究的发展也面临着前所未有的机遇和挑战。随着数字技术的迅速发展，我们的社会、文化、经济和政治正变得越来越数字化，而越来越多的数据以各种形式不断涌现。在这个大数据时代，我们需要更加深入地理解数据背后的含义和价值，并探索如何利用数字技术支持质性研究的发展。同时，我们也需要审视传统质性研究方法的局限性，思考如何创新和完善这些方法以适应新的挑战和机遇。在本书中，我们深入探讨了如何运用质性研究方法来理解、分析数字时代的现象及其背后的问题，并介绍了数字时代质性研究新的发展方向，包括数据的可视化和电子化、质性研究方法与其他研究方法的混合，以及关注表现、情感和新物质主义等重要特征。这些新的发展方向为数字时代的质性研究提供了更加广阔的研究视角和方法，也为我们深入理解数字时代的社会、文化、经济和政治现象提供了新的思路和启示：

　　一是数据的可视化和电子化。在数字时代的质性研究中，数据收集已经不再局限于传统的访谈、观察和文本分析等方法。如今，社会科学领域的研究者可以通过可视化和电子化的手段来收集和记录数据，如拍摄照片、录制视频、分析影像等方式。① 这种方式使得研究者可以更加直观地了解研究对象的行为和情感，从而更加深入地洞察其背后隐含的意义。

　　二是质性研究方法与其他研究方法的混合。数字时代的质性研究并不是一种孤立的研究方法，而是可以与其他研究方法相结合，从而获得更全面的数据和信息。例如，研究者可以将不同的质性研究方法进行三角测量，也可以将质性研究方法和量化研究方法结合起来。② 这些研究方法的混合和创新可以使社会科学研究变得更加灵活有效。

　　三是关注表现、情感和新物质主义。在传统的质性研究中，研究者通常关注个体、文化和社会结构等方面的问题。然而，越来越多数字时代的质性研究关注到了表现、情感和新物质主义，这种新的研究方向着眼于人和物的关系，探讨人类和物质世界之间的互动和影响。③ 这一研究方向的出现使得质性研究更加多元和开放，

　　① FLICK U. Qualitative research-state of the art [J]. Social science information，2002，41（1）：5-24.
　　② KELLE U，ERZBERGER C. Qualitative and quantitative methods：not in opposition [C] //FLICK U，et al. A campion to qualitative research. London：Sage，2004：172-177.
　　③ VANNINI P. Non-representational research methodologies：an introduction [C] //Non-Representational methodologies. London：Routledge，2015：1-18.

216

也使得研究成果更加贴近现实。

　　了解数字时代的质性研究方法，可以帮助我们更深入地理解这一时期的变化，并为研究者解读社会、文化、经济和政治现象提供更深入的分析和见解。然而，本书的目的不仅仅是介绍这些在数字时代依旧适用的质性研究方法，更重要的是让读者明白这些研究方法如何帮助我们更好地理解数字时代的变革和趋势，并帮助我们更好地应对未来可能出现的挑战和机遇。回归到数字时代的质性研究本身，它在未来究竟是作为一种艺术还是方法，这一问题尚未有定论。尽管一些以客观解释学（objective hermeneutics）、基于叙事学的传记研究（narrative-based biography research）等案例明确指出质性研究是一种艺术，因为它需要研究者具备敏感性、判断力和创造力，这些能力与艺术创作有许多相似之处。[①] 但同时，质性研究也需要研究者具备系统性、方法性和科学性，例如，本书第五章所提到的扎根理论研究强调数据的质性和深度，研究者需要通过深入访谈、观察、查阅文献资料等方法采集充分和详细的数据，并采用逐步开放编码、分类和整理数据的方式进行数据分析，以确保研究结果的科学性和可信度，这些要求又与科学研究方法相似。因此，质性研究应该被看作一种融合了艺术和科学的研究方法。

　　总而言之，学习质性研究，并将其作为终身事业并非易事。在初步接触田野调查时，我也曾遇到许多困惑和阻碍，但通过不断实践和探索，我找到了解决这些问题的方法。因此，在本书的最后，我有必要提出一些诚恳的建议，以帮助那些希望深入了解数字时代质性研究的年轻学者更好地掌握该领域的基本研究方法和研究技巧：

　　一方面，对于初学者，应该多阅读相关文献和案例，以了解不同的质性研究方法和技术。例如，在进行贵州省黔东南苗族侗族自治州锦屏县隆里村的田野调查前，我已经阅读了柯克·约翰逊的《电视与乡村社会变迁：对印度两村庄的民族志调查》一书，并将它与我具备的传播学专业知识和民族志方法论相结合，这为我在隆里村正式展开为期20天的调研提供了丰富的知识储备。这本《数字时代的质性研究方法》适应了数字化时代的需要，为想要运用质性研究方法研究数字化现象和问题的研究者提供了智力支持。

　　另一方面，年轻学者不仅应该注重自身素质的提高，还应该尽可能多地参与实际案例的研究。如果说我参与田野调查甚至将其作为毕生的事业在很大程度上是出

---

① FLICK U. Qualitative research-state of the art ［J］. Social science information，2002，41（1）：5 – 24.

于对民族志这种人类学研究方法的向往，那么我也不得不关注和我一样被宏观命题打动的伙伴，由于缺乏经验在研究中所表现出的孱弱无助。在真实的田野调查过程中，我获得了很多具有实用性、针对性的经验。隆里村就像存在于另一个平行空间中一样，让我增添了对城市生活批判性的眼光。即使在研究结束回到城市后，身处隆里村的另一个"我"依旧会不时偷偷跑出来，像旁观者一样重新审视城市的生活。这段经历为我继续在学术路上摸爬滚打积累了宝贵的经验，并被我写入了《数字时代的质性研究方法》一书中。希望本书在帮助年轻学者掌握数字时代下的质性研究方法和研究工具的同时，让他们成功地将理论知识转化为实践经验，不断地提高自己的研究水平。